水利工程管理与水资源利用研究

邱爱华　张继良　马荣杰◎著

吉林科学技术出版社

图书在版编目（CIP）数据

水利工程管理与水资源利用研究 / 邱爱华，张继良，
马荣杰著. -- 长春 ：吉林科学技术出版社，2023.5
ISBN 978-7-5744-0497-7

Ⅰ．①水… Ⅱ．①邱… ②张… ③马… Ⅲ．①水利工
程管理－研究②水资源利用－研究 Ⅳ．①TV6
②TV213.9

中国国家版本馆CIP数据核字(2023)第105685号

水利工程管理与水资源利用研究

作　　者　邱爱华　张继良　马荣杰
出 版 人　宛　霞
责任编辑　赵　沫
幅面尺寸　185 mm×260mm
开　　本　16
字　　数　268 千字
印　　张　11.75
版　　次　2023 年 5 月第 1 版
印　　次　2023 年 5 月第 1 次印刷
出　　版　吉林科学技术出版社
发　　行　吉林科学技术出版社
地　　址　长春市净月区福祉大路 5788 号
邮　　编　130118
发行部电话/传真　0431-81629529　81629530　81629531
　　　　　　　　　　　81629532　81629533　81629534
储运部电话　0431-86059116
编辑部电话　0431-81629518
印　　刷　北京四海锦诚印刷技术有限公司
书　　号　ISBN 978-7-5744-0497-7
定　　价　70.00 元

前　言

随着我国水利建设项目逐步扩大，国家各个地区水利工程进入了全新的发展阶段，国家对水利建设的重视度在不断提升。以工程项目管理为核心的水利水电施工企业的经营管理体制也发生了很大的变化。这就要求企业必须对施工项目进行规范的、科学的管理，特别是加强对工程质量、进度、成本、安全的管理控制。水利工程建设项目管理是一项复杂的工作，项目经理除了要加强工程施工管理及有关知识的学习外，还要加强自身修养，严格按规定办事，善于协调各方面的关系，保证各项措施真正得到落实。在市场经济不断发展的今天，施工单位只有不断提高管理水平，增强自身实力，提高服务质量，才能不断拓展市场，在竞争中立于不败之地。因此，建设一支技术全面、精通管理、运作规范的专业化施工队伍，既是时代的要求，更是一种责任。

水资源是维持人类生存和促进社会发展的重要物质基础，水资源开发利用，是改造自然、利用自然的一方面。随着我国经济的快速发展，水资源短缺以及水资源污染现象日益严重，因此，加强对水资源的合理开发以及可持续利用显得尤为重要。与此同时，经济与科学技术的发展，也使水利事业在国民经济中的命脉和基础产业地位愈加突出；水利工程建设水平的提高更是对进一步促进水能水电的开发利用，保护生态环境，促进我国经济发展具有举足轻重的重大意义。

本书针对水利工程管理中不完善的地方，讨论了水利建设项目管理的相关问题，主要内容包括水利工程进度管理、成本管理、质量管理与安全管理，并对水利工程地基处理、基础工程施工技术、混凝土坝工程施工技术进行了阐述。同时着重对水资源的开发利用途径进行了详细的梳理与介绍。本书可供水利水电工程建筑、水利工程管理、农田水利工程、城市水利、水利工程监理、水文专业等各类专业参考。在写作过程中，由于水平有限，书中难免存在不足之处，恳请各位专家和读者批评指正，提出宝贵意见，以待进一步修改，使之更加完善。

目　录

第一章 水利工程项目建设管理概述

第一节 水资源与水利工程

一、水资源

水资源是指可资利用或有可能被利用的水源，这个水源应具有足够的数量和合适的质量，并满足某一地方在一段时间内具体利用的需求。水资源是地球上具有一定数量和可用质量能从自然界获得补充并可资利用的水。

水资源开发利用是改造自然、利用自然的一方面，其目的是发展社会经济。最初开发利用目标比较单一，以需定供。随着工农业不断发展，逐渐变为多目的、综合、以供定用、有计划、有控制地开发利用。当前各国都强调在开发利用水资源时，必须考虑经济效益、社会效益和环境效益三方面。

水资源开发利用的内容很广，诸如农业灌溉、工业用水、生活用水、水能、航运、港口运输、淡水养殖、城市建设、旅游、防洪、防涝等。但是在对水资源的开发利用中，仍然有一些亟须解决的问题。例如，大流域调水是否会导致严重的生态失调，森林对水资源的作用到底有多大？大量利用南极冰会不会导致世界未来气候发生重大变化？此外，全球气候变化和冰川进退对未来水资源有什么影响？这些都是今后有待探索的一系列问题。它们对未来人类合理开发利用水资源具有深远的意义。

二、水利工程

水利工程是用于控制和调配自然界的地表水和地下水，从而达到除害兴利目的，由此而修建的工程也称为水工程。水是人类生产和生活必不可少的宝贵资源，但其自然存在的状态并不完全符合人类的需要。只有修建水利工程，才能控制水流，防止洪涝灾害，并对水量进行调节和分配，以满足人民生活和生产对水资源的需要。水利工程需要修建坝、堤、溢洪道、水闸、进水口、渠道、渡槽、筏道、鱼道等不同类型的水工建筑物，以实现其目标。

（一）分类

水利工程按目的或服务对象可分为：防止洪水灾害的防洪工程；防止旱、涝、渍灾为农业生产服务的农田水利工程，或称灌溉和排水工程；将水能转化为电能的水力发电工程；改善和创建航运条件的航道和港口工程；为工业和生活用水服务，并处理和排除污水、雨水的城镇供水和排水工程；防止水土流失和水质污染，维护生态平衡的水土保持工程和环境水利工程；保护和增进渔业生产的渔业水利工程；围海造田，满足工农业生产或交通运输需要的海涂围垦工程等。一项水利工程同时为防洪、灌溉、发电、航运等多种目标服务的，称为综合利用水利工程。

蓄水工程指水库和塘坝（不包括专为引水、提水工程修建的调节水库），按大、中、小型水库和塘坝分别统计。

引水工程指从河道、湖泊等地表水体自流引水的工程（不包括从蓄水、提水工程中引水的工程），按大、中、小型规模分别统计。

提水工程指利用扬水泵站从河道、湖泊等地表水体提水的工程（不包括从蓄水、引水工程中提水的工程），按大、中、小型规模分别统计。

调水工程指水资源一级区或独立流域之间的跨流域调水工程，蓄、引、提工程中均不包括调水工程的配套工程。

地下水源工程指利用地下水的水井工程，按浅层地下水和深层承压水分别统计。

（二）组成

无论是治理水害还是开发水利，都需要通过一定数量的水工建筑物来实现。按照功用，水工建筑物大体分为三类：挡水建筑物、泄水建筑物以及专门水工建筑物。由若干座水工建筑物组成的集合体称水利枢纽。

1. 挡水建筑物

挡水建筑物是阻挡或拦束水流、拥高或调节上游水位的建筑物，一般横跨河道的称为坝，沿水流方向在河道两侧修筑的称为堤。坝是形成水库的关键性工程。近代修建的坝，大多数是采用当地土石料填筑的土石坝或用混凝土灌筑的重力坝，它依靠坝体自身的重量维持坝的稳定。当河谷狭窄时，可采用平面上呈弧线的拱坝。在缺乏足够筑坝材料时，可采用钢筋混凝土的轻型坝（俗称支墩坝），但它抵抗地震作用的能力和耐久性都较差。砌石坝是一种古老的坝，不易机械化施工，主要用于中小型工程。大坝设计中要解决的主要问题是坝体抵抗滑动或倾覆的稳定性、防止坝体自身的破裂和渗漏。土石坝或砂、土地基，在防止渗流引起的土颗粒移动破坏（所谓"管涌"和"流土"）中占有更重要的地位。在地震区建坝时，还要注意坝体或地基中浸水饱和的无黏性砂料在地震时发生强度突然消失而引起滑动的可能性，即所谓"液化现象"。

2. 泄水建筑物

泄水建筑物是能从水库安全可靠地放泄多余或需要水量的建筑物。历史上曾有不少土石坝，因洪水超过水库容量而漫顶造成溃坝。为保证土石坝的安全，必须在水利枢纽中设河岸溢洪道，一旦水库水位超过规定水位，多余水量将经由溢洪道泄出。混凝土坝有较强的抗冲刷能力，可利用坝体过水泄洪，称溢流坝。修建泄水建筑物，关键是要解决好消能、防蚀和抗磨问题。泄出的水流一般具有较大的动能和冲刷力，为保证下游安全，常利用水流内部的撞击和摩擦消除能量，如水跃或挑流消能等。当流速大于每秒 10 米时，泄水建筑物中行水部分的某些不规则地段可能出现所谓的空蚀破坏，即由高速水流在临近边壁处出现的真空穴造成的破坏。防止空蚀的主要方法是尽量采用流线型，提高压力或降低流速，采用高强材料以及向局部地区通气等。多泥沙河流或当水中夹带有石渣时，还必须解决抵抗磨损的问题。

3. 专门水工建筑物

除常见的一般性建筑物外，为某一专门目的或为完成某一特定任务所设的是专门水工建筑物。渠道是输水建筑物，多数用于灌溉和引水工程。当遇高山挡路，可盘山绕行或开凿输水隧洞穿过；如与河、沟相交，则须设渡槽或倒虹吸，此外还有同桥梁、涵洞等交叉的建筑物。水力发电站枢纽按其厂房位置和引水方式有河床式、坝后式、引水道式和地下式等。水电站建筑物主要有集中水位落差的引水系统，防止突然停车时产生过大水击压力的调压系统，水电站厂房以及尾水系统等。通过水电站建筑物的流速一般较小，但这些建筑物往往承受着较大的水压力，因此，许多部位要用钢结构。水库建成后大坝会阻拦船只、木筏、竹筏以及鱼类洄游等的原有通路，对航运和养殖的影响较大。因此，应专门修建过船、过筏、过鱼的船闸、筏道和鱼道。这些建筑物具有较强的地方性，修建前要做专门研究。

（三）特点

1. 很强的系统性和综合性

单项水利工程是同一流域、同一地区内各项水利工程的有机组成部分，这些工程既相辅相成，又相互制约；单项水利工程自身往往是综合性的，各服务目标之间既紧密联系，又相互矛盾。水利工程和国民经济的其他部门也是紧密相关的。规划设计水利工程必须从全局出发，系统地、综合地进行分析研究，才能得到最经济合理的优化方案。

2. 对环境有很大影响

水利工程不仅通过其建设任务对所在地区的经济和社会产生影响，而且对江河、湖泊以及附近地区的自然面貌、生态环境、自然景观，甚至是区域气候，都将产生不同程度的影响。这种影响有利有弊，规划设计时必须对这种影响进行充分估计，努力发挥水利工程的积极作用，消除其消极影响。

3. 工作条件复杂

水利工程中各种水工建筑物都是在难以确切把握的气象、水文、地质等自然条件下进行施工和运行的，它们又多承受水的推力、浮力、渗透力、冲刷力等的作用，工作条件较其他建筑物更为复杂。

4. 效益具有随机性

水利工程的效益具有随机性，根据每年水文状况不同而效益不同，农田水利工程还与气象条件的变化有密切联系。

5. 要按照基本建设程序和有关标准进行

水利工程一般规模大、技术复杂、工期较长、投资多，兴建时必须按照基本建设程序和有关标准进行。

三、水利水电工程

(一) 水利水电工程简介

水利水电工程按工程作用分为水利工程和水电工程，通常由挡水建筑物、泄水建筑物、水电站建筑物、取水建筑物和通航建筑物构成。较为常见的水利枢纽是以发电为主，同时具有灌溉、供水、通航的功能，实际可以按照具体工程的特性，选取以上几种或全部水工建筑物构成水利枢纽。

水力发电是通过人工的方式升高水位或将水从高处引到低处，从而借助水流的动力带动发电机发电，再通过电网进入千家万户。水力发电具有可再生、污染小、费用低等特点，同时还可以起到改善河流通航、控制洪水、提供灌溉等作用，促进当地经济的快速发展。

(二) 水利水电工程施工特点

水利水电工程项目自身施工的特点决定了其建设方法有别于一般的工程项目施工，具体的施工特点包括以下四方面：

第一，水利水电工程项目大部分都是在远离城市的偏远山区，交通十分不便利，且离工厂较远，造成施工材料、机械设备的采购难度较大，成本增加。所以，对于施工中的基础原材料，如砂石料、水泥等通常采用在工程项目施工的当地建厂生产的方法。

第二，在水利水电工程建设过程中，涉及危险作业很多，例如爆破开挖、高处作业、硐室开挖、水下作业等，存在的安全隐患很大。

第三，水利水电工程的建设选址一般在水利资源比较丰富的地方，通常是山谷河流之中，这样施工就会容易受到地质、地形、气象、水文等自然因素的影响。在工程建设的过程中主要需要控制的因素包括施工导流、围堰填筑和主体结构施工。

第四，通常水利水电工程项目的工程量大、环境因素强、技术种类多、劳动强度大，因此，在施工参与人员、设备、选材等方面都要求有较高的专项性，施工方案也应该在施工的过程中不断地修改与完善。

第二节　水利工程建设程序

一、建设程序

建设程序可分为常规程序与非常规程序两大类。常规的建设程序已流行百余年，其间虽有变化，但其基本模式没变。它以业主→建筑师→承包商的三边关系为基础，基本的程序是设计→发包→营造。非常规建设程序是二战后发展起来的，是常规程序的延伸，仍以业主→建筑师→承包商的三边关系为基础，但设计与施工可以适当交叉。

基本建设程序是建设项目从设想、选择、评估、决策、设计、施工到竣工验收、投入使用整个建设过程中，各项工作必须遵守的先后次序的法则。按照建设项目发展的内在联系和发展过程，建设程序分成若干阶段，它们各有不同的工作内容，有机地联系在一起，有着客观的先后顺序，不可违反，必须共同遵守，这是因为它科学地总结了建设工作的实践经验，反映了建设工作所固有的客观自然规律和经济规律，是建设项目科学决策和顺利进行的重要保证。

我国目前对基本建设项目的管理规定，大中型项目由国家发展和改革委员会审批，小型及一般地方项目由地方计委审批。随着投资体制的改革和市场经济的发展，国家对基本建设程序的审批权限几经调整，但建设程序始终未变，我国现行的基本建设程序分为立项、可行性研究、初步设计、开工建设和竣工验收。基本建设程序始终是国家对建设项目管理的一项重要内容，进一步加强建设项目管理，要严格执行国家关于基本建设项目审批的各项规定。任何单位和个人都不得越权审批项目，也不得降低标准批准项目。按照规定，须报国务院审批的项目，必须报国务院审批；须报国家发展和改革委员会审批的项目，必须报国家发展和改革委员会审批。对前期工作达不到深度要求的项目，一律不予审批。

城市基本建设项目的立项、可行性研究、初步设计、开工建设、竣工验收等审批管理职能，由市计委统一管理。基本建设项目的项目建议书、可行性研究报告、初步设计等，均由项目建设单位委托有资质的单位按国家规定深度编制和上报，开工报告、竣工验收报告等由项目建设单位负责编写上报。市环保、消防、规划、供电、供水、防汛、人防、劳动、电信、防疫、金融等各有关部门和单位按各自的管理职能参与项目各程序的工作，并从专业的角度提出审查意见，但不具备对项目审批的综合职能。市计委在审批项目时应尊重和听取有关管理部门的审查意见。

（一）立项

项目建议书是对拟建项目的一个轮廓设想，主要作用是为了说明项目建设的必要性，条件的可行性和获利的可能性。对项目建议书的审批即为立项。根据国民经济中长期发展规划和产业政策，由审批部门确定是否立项，并据此开展可行性研究工作。

1. 项目建议书主要内容

第一，建设项目提出的必要性和依据。

第二，产品方案、拟建规模和建设地点的初步设想。

第三，资源情况、建设条件、协作关系等的初步分析。

第四，投资估算和资金筹措设想。

第五，经济效益和社会效益初步估计。

2. 立项审批部门和权限

第一，大中型基本建设项目，由市计委报省计委转报国家发展和改革委员会审批立项。

第二，非大中型及一般地方项目，须国家、市投资、银行贷款和市平衡外部条件的项目，由市计委审批立项。

第三，符合产业政策和行业发展规划的，能自筹资金，能自行平衡外部条件的项目，由区县计委或企业自行立项，报市计委备案。

（二）可行性研究

可行性研究的主要作用是对项目在技术上是否可行和经济上是否合理进行科学的分析、研究。在评估论证的基础上，由审批部门对项目进行审批。经批准的可行性研究报告是进行初步设计的依据。

（三）初步设计审批

初步设计的主要作用是根据批准的可行性研究报告和必要准确的设计基础资料，对设计对象所进行的通盘研究、概略计算和总体安排，目的是阐明在指定的地点、时间和投资内，拟建工程技术上的可能性和经济上的合理性。初步设计由市计委负责审批或上报国家。环保、消防、规划、供电、供水、防汛、人防、劳动、电信、卫生防疫、金融等有关部门按各自管理职能参与项目初步设计审查，从专业角度提出审查意见。在初步设计经批准后，项目即进入实质性阶段，可以开展工程施工图设计和开工前的各项准备工作。

（四）开工审批

建设项目具备开工条件后，可以申报开工，经批准开工建设，即进入建设实施阶段。项目新开工的时间是指建设项目的任何一项永久性工程第一次破土开槽开始施工的日期。不需要开槽的工程，以建筑物的正式打桩作为正式开工。招标投标只是项目开工建设前必须完成的一项具体工作，而不是基本建设程序的一个阶段。

（五）项目竣工验收

项目竣工验收是对建设工程办理检验、交接和交付使用的一系列活动，是建设程序的最后一环，是全面考核基本建设成果，检验设计和施工质量的重要阶段。在各专业主管部门单项工程验收合格的基础上，实施项目竣工验收，保证项目按设计要求投入使用，并办理移交固定资产手续。竣工验收要根据工程规模大小、复杂程度组成验收委员会或验收组。验收委员会或验收组应由计划、审计、质监、环保、劳动、统计、消防、档案及其他有关部门组成，建设单位、主管单位、施工单位、勘察设计单位应参加验收工作。

1. 项目竣工验收必须具备的条件

第一，建设项目已按批准的设计内容建完，能满足使用要求。

第二，主要工艺设备经联动负荷试车合格，形成生产能力，能生产出合格的产品。

第三，工程质量经质监部门评定质量合格。

第四，生产准备工作能适应投产的需要。

第五，环境保护设施、劳动安全卫生设施、消防设施已按设计要求与主体工程同时建成使用。

第六，编好竣工决算，并经审计部门审计。

第七，对所有技术文件材料进行系统整理、立卷，竣工验收后交档案管理部门。

2. 组织竣工验收部门和权限

第一，大中型基本建设项目，由市计委报国家发展和改革委员会，由国家组织验收或受国家发展和改革委员会委托由市计委组织验收。

第二，地方性建设项目由市计委或受市计委委托由项目主管部门、区县组织验收。

二、水利水电工程基本建设程序

(一) 基本建设程序

基本建设程序是基本建设项目从决策、设计、施工到竣工验收整个工作过程中各个阶段必须遵循的先后次序。水利水电基本建设因其规模大、费用高、制约因素多等特点，更具复杂性及失事后的严重性。

1. 流域 (或区域) 规划

流域 (或区域) 规划就是根据该流域 (或区域) 的水资源条件和国家长远计划对该地区水利水电建设发展的要求，对该流域 (或区域) 水资源的梯级开发和综合利用的最优方案。

2. 项目建议书

项目建议书又称立项报告。它是在流域 (或区域) 规划的基础上，由主管部门提出的建设项目轮廓设想，主要是从宏观上衡量分析该项目建设的必要性和可能性，即分析其是否具备建设条件，是否值得投入资金和人力。项目建议书是进行可行性研究的依据。

3. 可行性研究

可行性研究的目的是研究兴建本工程技术上是否可行，经济上是否合理。其主要任务包括：

①论证工程建设的必要性，确定本工程建设任务和综合利用的主次顺序。

②确定主要水文参数和成果，查明影响工程的地质条件和存在的主要地质问题。

③基本选定工程规模。

④选定基本坝型和主要建筑物的基本形式，初选工程总体布置。

⑤初选水利工程管理方案。

⑥初步确定施工组织设计中的主要问题，提出控制性工期和分期实施意见。

⑦评价工程建设对环境和水土保持设施的影响。

⑧提出主要工程量和建材需用量，估算工程投资。

⑨明确工程效益，分析主要经济指标，评价工程的经济合理性和财务可行性。

4. 初步设计

初步设计是在可行性研究的基础上进行的，是安排建设项目和组织施工的主要依据。

初步设计的主要任务包括：

①复核工程任务及具体要求，确定工程规模，选定水位、流量、扬程等特征值，明确运行要求。

②复核区域构造稳定，查明水库地质和建筑物工程地质条件、灌区水文地质条件和设计标准，提出相应的评价和结论。

③复核工程的等级和设计标准，确定工程总体布置以及主要建筑物的轴线、结构形式与布置、控制尺寸、高程和工程数量。

④提出消防设计方案和主要设施。

⑤选定对外交通方案、施工导流方式、施工总布置和总进度、主要建筑物施工方法及主要施工设备，提出天然（人工）建筑材料、劳动力、供水和供电的需要量及其来源。

⑥提出环境保护措施设计，编制水土保持方案。

⑦拟定水利工程的管理机构，提出工程管理范围、保护范围以及主要管理措施。

⑧编制初步设计概算，利用外资的工程应编制外资概算。

⑨复核经济评价。

5. 施工准备阶段

项目在主体工程开工之前，必须完成各项施工准备工作。其主要内容包括：

①施工现场的征地、拆迁工作。

②完成施工用水、用电、通信、道路和场地平整等工程。

③必需的生产、生活临时建筑工程。

④组织招标设计、咨询、设备和物资采购等服务。

⑤组织建设监理和主体工程招投标，并择优选定建设监理单位和施工承包队伍。

6. 建设实施阶段

建设实施阶段是指主体工程的全面建设实施。项目法人应按照批准的建设文件组织工程建设，保证项目建设目标的实现。

主体工程开工必须具备以下条件：

①前期工程各阶段文件已按规定批准，施工详图设计可以满足初期主体工程施工需要。

②建设项目已列入国家或地方水利水电建设投资年度计划，年度建设资金已落实。

③主体工程招标已经决标，工程承包合同已经签订，并已得到主管部门同意。

④现场施工准备和征地移民等建设外部条件能够满足主体工程开工需要。

⑤建设管理模式已经确定，投资主体与项目主体的管理关系已经理顺。

⑥项目建设所需全部投资来源已经明确，且投资结构合理。

7. 生产准备阶段

生产准备是项目投产前要进行的一项重要工作，是建设阶段转入生产经营的必要条件。项目法人应按照建管结合和项目法人责任制的要求，适时做好有关生产准备工作。

生产准备应根据不同类型的工程要求确定，一般应包括如下主要内容：

①生产组织准备。

②招收和培训人员。

③生产技术准备。

④生产物资准备。

⑤正常的生活福利设施准备。

⑥及时具体落实产品销售合同协议的签订，提高生产经营效益，为偿还债务和资产的保值、增值创造条件。

8. 竣工验收，交付使用

竣工验收是工程完成建设目标的标志，是全面考核基本建设成果、检验设计和工程质量的重要步骤。竣工验收合格的项目即可从基本建设转入生产或使用。

当建设项目的建设内容全部完成，并经过单位工程验收，符合设计要求并按水利基本建设项目档案管理的有关规定，完成了档案资料的整理工作，在完成竣工报告、竣工决算等必需文件的编制后，项目法人按照有关规定，向验收主管部门提出申请，根据国家和部颁验收规程组织验收。

竣工决算编制完成后，须由审计机关组织竣工审计，其审计报告作为竣工验收的基本资料。

（二）基本建设项目审批

1. 规划报告及项目建议书阶段审批

规划报告及项目建议书的编制一般由政府或开发业主委托有相应资质的设计单位承

担，并按国家现行规定权限向主管部门申报审批。

2. 可行性研究阶段审批

可行性研究报告按国家现行规定的审批权限报批。申报项目可行性研究报告，必须同时提出项目法人组建方案及运行机制、资金筹措方案、资金结构及回收资金办法，并依照有关规定附具有管辖权的水行政主管部门或流域机构签署的规划同意书。

3. 初步设计阶段审批

可行性研究报告被批准以后，项目法人应择优选择有与本项目相应资质的设计单位承担勘测设计工作。初步设计文件完成后报批前，一般由项目法人委托有相应资质的工程咨询机构或组织有关专家，对初步设计中的重大问题进行咨询论证。

4. 施工准备阶段和建设实施阶段的审批

施工准备工作开始前，项目法人或其代理机构须依照有关规定，向水行政主管部门办理报建手续，项目报建须交验工程建设项目的有关批准文件。工程项目进行项目报建登记后，方可组织施工准备工作。

5. 竣工验收阶段的审批

在完成竣工报告、竣工决算等必需文件的编制后，项目法人应按照有关规定，向验收主管部门提出申请，主管部门根据国家和部颁验收规程组织验收。

第三节　水利工程项目管理模式

一、工程项目管理概述

（一）项目管理概述

1. 项目的定义及特征

项目一词已被广泛应用于社会各方面。国外许多知名的管理学方面的专家或者组织都曾经试图对项目用简明扼要的语句加以概括和描述。目前使用较多的对项目的定义为项目是一个专门组织为实现某一特定目标，在一定的约束条件下，所开展的一次性活动或所要完成的一个任务。

与一般生产或服务相比，项目的特征包括其单件性或一次性、一定的约束条件及具有生命期。而具有大批量、可重复进行、目标不明确、局部性等特征的任务，不能称为项目。

2. 项目管理的基本要素

（1）项目管理定义

项目管理是指在一定的约束条件下，为达到项目目标（在规定的时间和预算费用内，达到所要求的质量）而对项目所实施的计划、组织、指挥、协调和控制的过程。项目管理过程通常包括项目定义、项目计划、项目执行、项目控制及项目结束。

（2）项目管理的职能

不同的管理都有各自不同的职能，项目管理的职能包括组织职能、计划职能及控制职能。此外，项目管理也同时具有指挥、激励、决策、协调、教育等职能。

（3）项目管理特点

第一，管理程序和管理步骤因各个项目的不同而灵活变化。

第二，应用现代化管理的方法和相应的科学技术手段。

第三，可以采用动态控制作为手段。

第四，项目管理以项目经理为中心。

（4）项目管理的产生和发展

项目管理是在社会生产的迅速发展，科学日新月异的进步过程中产生和发展起来的。它是一门新兴科学，但是直到 20 世纪 60 年代才真正地成为一门科学。因此其必然有着这样或者那样的不足，也因此留有更多更广阔的空间需要努力钻研和积极探讨，使其能够不断地加以完善，从而适应社会生产和发展的需要，使这门科学能够充分地为社会做出更大的贡献。

（二）工程项目管理基本理论

1. 工程项目管理基本要素

（1）工程项目管理定义

工程项目管理可以这样定义：为了在一定的约束条件下顺利开展与实施工程项目，业主委托相关从事工程项目管理的企业，企业按照合同的相关规定，代表业主对项目的所有活动的全过程进行若干的管理和服务。

（2）工程项目管理的特点

①工程项目管理是一种一次性管理

不同于工业产品的大批量重复生产，更不同于企业或行政管理过程的复杂化，工程项目的生产过程具有明显的单件性，这就决定了它的一次性。因此工程项目管理可以用一句话来简略地加以概括：它是以某一个建设工程项目为对象的一次性任务承包管理方式。

②工程项目管理是一种全过程的综合性管理

在对项目进行可行性研究、勘察设计、招标投标以及施工等各阶段，都包含着项目管理，对于项目进度、质量、成本和安全的管理又分别穿插其中。工程项目的特性是其生命周期是一个有机的成长过程，项目各阶段既有明显界限，又相互有机衔接，不可间断。同时，由于社会生产力的发展，社会分工越来越细，工程项目生命周期的不同阶段逐步由不同专业的公司或独立部门去完成。在这样的背景下，需要提高工程项目管理的要求，综合管理工程项目生产的全部过程。

③工程项目管理是一种约束性强的控制管理

项目管理的重要特点是在限定的合同条件范围内，项目管理者需要保质保量完成既定任务，达到预期目标。此外，工程项目还具有诸多约束条件，如工程项目管理的一次性、目标的明确性、功能要求的既定性、质量的标准性、时间限定性和资源消耗控制性等，这些就决定了需要加强工程项目管理的约束强度。因此，工程项目管理是强约束管理。这些约束条件是项目管理的条件，也是不可逾越的限制条件。

工程项目管理与施工管理不同。施工管理的对象是具体的工程施工项目，而工程项目管理的对象是具体的建设项目，虽然都具有一次性的特点，但管理范围不同，前者仅限于施工阶段，后者则是针对建设全部生产过程。

2. 工程项目管理的任务

工程项目管理贯穿一个工程项目进行的全部过程，从拟订规划开始，直到建成投产为止，其间所经历的各个生产过程以及所涉及的建设单位、咨询单位、设计单位等各个不同单位在项目管理中密切联系，但是随项目管理组织形式的不同，在工程项目进展的不同阶段各单位又承担着不同的任务。因此，推进工程项目管理的主体可以包括建设单位、相关咨询单位、设计单位、施工单位以及为特大型工程组织的代表有关政府部门的工程指挥部。

工程项目管理的类型繁多，它们的任务因类型的不同而不同，其主要职能可以归纳为以下六方面：

（1）计划职能

工程项目的各项工作均应以计划为依据，对工程项目预期目标进行统筹安排，并且以计划的形式对工程项目全部生产过程、生产目标以及相应生产活动进行安排，用一个动态的计划系统来对整个项目进行相应的协调控制。工程项目管理为工程项目的有序进行，以及可能达到的目标等提供一系列决策依据。除此之外，它还编制一系列与工程项目进展相关的计划，有效指导整个项目的开展。

（2）协调与组织职能

工程项目协调与组织是工程项目管理的重要职能之一，是实现工程项目目标必不可少的方法和手段，它的实现过程充分体现了管理的技术与艺术。在工程项目实施的过程中，协调功能主要是有效沟通和协调加强不同部门在工程项目的不同阶段、不同部门之间的管理，以此实现目标一致和步调一致。组织职能就是建立一套以明确各部门分工、职责以及职权为基础的规章制度，以此充分调动建设员工对于工作的积极主动性和创造性，形成一个高效的组织保证体系。

（3）控制职能

控制职能主要包括合同管理、招投标管理、工程技术管理、施工质量管理和工程项目的成本管理这五方面。其中合同管理中所形成的相关条款是对开展的项目进行控制和约束的有效手段，同时也是保障合同双方合法权益的依据；工程技术管理由于不仅牵涉到委托设计、审查施工图等工程的准备阶段，而且还要对工程实施阶段的相关技术方案进行审定，因此它是工程项目能否全面实现各项预定目标的关键；施工质量管理则是工程项目的重中之重，其包括对于材料供应商的资质审查、操作流程和工艺标准的质量检查、分部分项工程的质量等级评定等。此外，招投标管理和工程项目的成本管理也是控制职能不可或缺的有机组成部分。

（4）监督职能

工程项目监督职能开展的主要依据是项目合同的相关条款、规章制度、操作规程、相关专业规范以及各种质量标准、工作标准。在工程管理中，监理机构的作用需要得到充分的发挥。除此之外，加强工程项目中的日常生产管理及时发现和解决问题，堵塞漏洞，确保工程项目平稳有序运行，并最终达到预期目标。

（5）风险管理

对于现代企业来说，风险管理就是通过对风险的识别、预测和衡量，选择有效的手段，以尽可能降低成本，有计划地处理风险，以获得企业安全生产的经济保障。工程项目的规模不断扩大，所要求的建筑施工技术也日趋复杂，业主和承包商所需要面临的风险越来越多，因此，需要在工程项目的投资效益得到保证的前提下，系统分析、评价项目风险，以提出风险防范对策，形成一套有效的项目风险管理程序。

（6）环境保护

现代人们提倡环保意识，一个良好的工程建设项目就是要对环境不造成或者尽可能低造成损坏的前提下，对环境进行改造，为人们的生活环境添加魅力的社会景观，造福人类。因此，在工程项目的开展过程中，需要综合考虑诸多因素，强化环保意识，切实有效地保护环境，防止破坏生态平衡、污染空气和水质、损害自然环境等现象的发生。

二、国际工程项目管理模式

随着各国经济相互间的融合与交流的迅速发展，各国建筑企业在项目管理领域的竞争日益激烈，我国能否在国际工程项目管理上取得成功，并在国际建筑市场上占有一席之地，取决于我国能否在工程项目的管理理念和管理模式上与国际接轨。因此，目前我国建筑企业的经营在立足于本国市场的同时，还应具备勇于参与国际竞争的意识和积极拓展国际化经营的事业规划，在开放的大背景下，学习借鉴国外的先进工程项目管理模式，从国际的角度开展战略规划，开拓广阔的国际市场，提高国际竞争能力。

（一）国际工程项目管理模式的发展

在工程项目国际化的大背景下，起源于 20 世纪 50 年代的工程项目管理学科得到了不断的发展，随之带来的是国际工程项目管理模式从无到有、从起步到逐渐成熟地发展。虽然在国际工程项目管理领域做得比较突出的国家从起步的时间来看不尽相同，但是从其主要发展阶段和项目管理的主要特点方面分析，大都经历了较为相同的三个发展阶段。在实际发展过程中，这三个阶段互有交叉，并行发展，并不是严格按顺序进行的。

1. 自行组织建设时期

自行组织建设模式即由建设单位自己根据所要建设的工程项目特点，筹措建设资金，编制工程项目任务书，设计、施工以及材料设备的采购都由建设单位自行组织，并且以上每个项目流程的监督和管理等也是在项目开展的同时由建设单位相应进行的。

该种项目管理模式在 20 世纪 50 年代出现以来作为一种基本的建设方式存在了很长一段时间。在自行组织建设模式中，建设单位的角色和职能是由项目发包人、融资主体和项目建设主体三者融为一体的。但是这种完全依靠自身的管理模式在开展复杂的国际项目时表现出了极大的局限性，如在融资力度上、工程项目的建设和管理上都不能够很好地达到国际工程项目的要求。

2. 传统模式时期

传统模式也称设计—招标—建设模式，简称 DBB 模式。经过近几十年的发展，这种模式在国际工程管理中占有一席之地，是国际上最为通用、应用最为广泛的项目管理模式。我国目前采用的"工程项目法人责任制""招标投标制""建设监理制""合同管理制"基本上是参照这种模式制定的。

3. 多种模式并存时期

自进入 21 世纪以来，全球经济继续向前飞速发展，跨国公司的工程项目不断增多，工程项目的国际化程度越来越高，项目的规模也较以往更加庞大，复杂程度也越来越深。采用什么样的管理模式才能更好地完成国际工程项目这样一个课题摆在了国内外项目管理专家的面前。在这一时期，管理模式的发展进入了一个快速发展的阶段，新方法层出不穷，包括项目管理承包模式、建筑工程管理模式、合伙模式、更替合同模式等。但是每种模式都有自己一定的使用范围，因此，在进行国际工程项目时需要结合项目本身的特点，选择适宜的项目管理模式。

（二）主要项目管理模式及特征

1. 传统模式

DBB 模式又称设计—招标—建造（Design-Bid-Build）方式，是国际上最为通用的一种模式，在相关国际组织提供贷款和资助的工程项目中应用较多。

在这种模式下，业主通过一定方式选择设计单位，并由设计单位按要求完成项目设计工作，之后，通过竞争性招标，选择最有资格的合适的施工承包商和材料设备供应商完成工程建设的任务以及建设材料的供应。在建设期间，设计方可受业主的委托，代表业主对工程项目进行监督。其最大特点是业主、设计、施工和供货商之间的关系相互独立，最主要的特征表现在工程项目的推进和开展是按照线性顺序前进的，下一个阶段的开始只能在上一阶段结束之后。

DBB 模式现今已经发展得极为成熟，这也是其最大的优点。除此之外，DBB 模式还具有很强的通用性，设计、咨询以及监理方可以由业主自由选择，与工程项目相关的合同文本均为参与各方所熟悉，在各自合同的约定下，各自行使相应的权利和履行相应的义务，三方的权利、责任、利益分配十分明确，避免了行政部门的干扰。

但是这种模式也不是尽善尽美，它也有不少缺点。工程项目的规划、设计、施工三个环节须按照线性顺序进行，在以上环节完成之后才移交给业主，项目建设周期长；业主管理费用较高，前期投入大；一旦工程项目变更可能引起较多索赔，设计与施工之间协调困难，容易引发争端，使业主利益受损。另外，当出现大的工程质量事故时，设计和施工双方容易互相推诿责任等。

2. DB（设计—建造）模式

DB（Design-Build）模式变革与发展了传统的工程项目管理模式，在设计和施工中所遇到的难以协调的问题也得到了解决。它是广义工程总承包模式的一种，是由一个工程承包机构与业主签订承担工程全部责任的单一契约，在工程项目开始时受到业主的施工委托同时开展项目设计和施工的一种承建模式。具体表现在发包人根据工程项目的要求，选择符合条件的承包人进行项目设计和施工，在这种模式下，承包人还将负责控制工程各阶段的成本；在施工阶段承包人可以将工程项目分包给分包商，本公司的施工单位也可以自行完成工程施工；设计工作也可采用相似的方式进行。DB 模式在全世界得到了不同程度的应用，其中以在日本的应用最为广泛。这主要得益于日本建设公司拥有庞大的规模和雄厚的技术力量，并且能提供综合性的设计、施工管理与实施服务，通过这种模式达到在保证项目工程质量的前提下降低项目的成本并获得较高的经济利益的目的。

其最显著的特点包括：该模式实行设计施工一体化，能够明显缩短工期；总承包单位唯一，责任明确，减少不必要的争端和索赔；减轻业主管理的压力；DB 总承包采用固定总价合同，有助于业主掌握相对确定的投资。在国外，DB 模式涉及的工程多为房屋、公路和桥梁等土建工程。

DB 模式一个重要的特点是，在没有任何图纸的前提下，业主只须对自己的目标工程提供功能要求书以及相关的工程条件说明等资料即可进行招标，这种只提供功能要求的招标叫作功能招标。与此相对应地，施工总承包称为构造招标。在这种招标模式下施工意向承包商投标时和双方订立承包合同时是以总价合同为基础的，允许价格在相应条件变化时进行调整。

DB 模式的优点在于能够将设计工作和组织施工的每一步环节进行紧密的融合搭接，发包人能从报价费用和工期方面节约经费，减少利息支出；能够明显缩短工期；总承包单位唯一，设计和施工责任明确，减少不必要的争端和索赔；减轻业主管理的压力。

DB 模式的缺点在于发包人对于设计人员的选择、设计过程中的检查以及最终设计成果和功能细节所要达到的效果等方面的控制能力较低，因此，这种模式下的工程设计与施工由同一个实体完成，使工程师与承包人之间的检查、制衡作用有所减弱，设计和施工质量无法得到充分的保证。

3. EPC（项目总承包）模式

EPC（Engineering-Procurement-Construction）模式是指发包人招投标选择总承包商，总承包商运作工程项目的全工程，并就项目过程中所产生的关于工期、成本、质量和安全等问题负全面责任。在 EPC 模式中，Engineering 包括的内容有具体的设计工作和对整个工程建设内容实施组织管理的策划和具体工作；Procurement 指的是各种专业设备、材料的采购；Construction 包括对工程项目进行的施工、安装、调试等。与 DB 模式相比，EPC 模式的承包范围更宽，还有一点不同是，在 EPC 模式中，EPC 承包单位完全负责采购工作。

EPC 模式起初被那些希望尽早确定投资总额和建设周期的发包人使用，后来逐渐在国际范围内得到广泛应用，后来 EPC 合同条件标准化更加利于 EPC 模式在国际市场中的推广应用。

EPC 模式主要应用于技术复杂的大型国际工程承包，尤其是那些采购工程量较大的项目承包。在这种模式下，整个项目工程进行过程中，承包人不再聘请专门的工程师，项目的宏观管理只由发包人或发包人代表直接进行，因此承包人承担了更大的责任和风险，在承揽到项目工程后，EPC 总承包人可以根据自身的技术力量和管理能力，自行完成工程项目的设计、采购和施工任务，或者将其中的部分或全部工作进行分包。目前，EPC 模式已在西方发达国家得到广泛应用，我国国内部分大型建筑企业也开始逐步采用这种模式。在实践中，其主要有以下特征及优点：

第一，业主只负责整体的、原则的、目标的管理和控制，而由工程总承包商负责工程的设计、采购、施工以及投产服务工作。

第二，业主只与工程总承包商签订工程总承包合同。

第三，总承包商既要承担更多的责任和风险，也可以拥有较大的机会。

第四，工程项目的管理和控制可以由业主自行组建的管理机构进行，也可以由业主委托的专业项目管理公司进行。

第五，业主极少介入具体组织实施工作。

4. CM（建设管理）模式

CM（Construction Management）模式是 CM 单位受业主委托以承包商的身份，采取 Fast Track 的生产组织方式，即有条件的"边设计、边施工"，来进行工程项目管理，直接指挥工程施工进行，这种模式会对设计活动造成一定程度的影响。CM 单位与业主的合同通常采用"成本加利润"的方式。

Fast Track 是指在工程整体设计尚未结束时，业主可以对完成的部分施工图进行施工招标，先行开展该部分工程的施工。由此，整个工程项目的设计被划分为若干部分，工程的施工也不再由一家单位承包，而是被分解成若干个分包，按设计施工的先后顺序分别进行招标。与传统模式相比，在 CM 模式中，设计、招标、施工三者充分搭接，施工可以在尽可能早的时间开始，整个工程项目的建设周期被大大缩短。

采用 Fast Track 方式时，业主将根据设计工作的进展，按工程设计完成的先后顺序分别委托给不同的施工单位，这就明显增加了施工招标的工作量，大大增大了承包合同的数量，这样不仅不利于合同管理工作的进行，而且增加了不同分包单位间组织和协调工作的难度。因此，采用这样的方式，业主需要委托一家专门的单位来承担 CM 工作，由 CM 单位负责协调设计、组织招标和管理施工的关系，解决因采用 Fast Track 方式而使业主管理工作复杂化的问题。

在国际上 CM 模式的管理形式可分为以下两种基本类型：非代理型 CM（Non-Ag-eney CM）和代理型 CM（Ageney CM）。

非代理型 CM 是指业主与 CM 单位签订 CM 合同，CM 单位作为整个工程项目的承包商，直接对项目进行分包的发包，并直接与分包商签订分包合同，但是他们之间并无直接的合同关系。

业主工程建设费用主要包括两项，一项是支付给 CM 单位的费用，另一项是专业承包商完成工程所需的直接成本，CM 单位需要自行承担保证施工成本的风险，也可能因成本降低而获得额外的收入，所以非代理型 CM 也称风险型 CM。

一般情况下，业主为保证总的投资额控制在一定的范围内，会要求 CM 单位提出保证最大工程费用（Guaranteed Maximum Price，简称 GMP），若结算后投资总额超过 GMP，则由 CM 单位负责赔偿，若低于 GMP，则节约出来的投资由业主和 CM 单位按约定的比例分成。

代理型 CM 是指 CM 单位以"业主代理"的身份参与工作，对设计和施工之间、不同承包商之间在施工现场的各种活动进行协调，它不负责对分包工程的发包，业主直接签订与各分包商的合同。但对于项目的工期、成本、质量，CM 单位不承担责任，由承包商直接向业主负责。CM 单位与业主之间的服务合同以固定费或比例费方式计费。

（1）CM 模式的特点

①CM 模式的基本思想是使设计阶段与施工阶段充分搭接，实现有条件的"边设计、边施工"，其出发点是为了缩短建设周期。

②CM 模式下，CM 承包商在早期介入，这样做的目的是改善传统模式设计与施工相互脱离的弊病，在一定程度上对设计进行优化，同时设计过程被分解开来，设计一部分，招标一部分，在很大程度上减少了设计变更。

③CM 费用采用"成本加利润"方式确定，CM 单位与分包商的合同价对业主是公开的。

④合同的价格因分步确定，故更有依据。

⑤在确定项目总费用的时候，代理型 CM 模式一般采用最大保证工程费用 GMP，业主还可以指定分包商。

（2）CM 模式的优点

①CM 合同价同施工总承包合同价相比，CM 合同价相对更加合理。在施工总承包中，发包工作限于一次完成，相应合同价也须在发包时一次性确定；而采用 CM 模式时，施工任务被分成许多小包，施工合同总价由一次次的分包合同价组成，不是一次性确定，而是将施工合同总价通过招标分包给不同的单位，由此得到的分包合同价加起来较合同总价更

具有合理性。

②CM 单位可采用价值工程方法进一步节约投资。这是根据其在施工成本控制方面的实际经验得出的，可以进一步节约投资。

③CM 单位不赚总包与分包之间的差价。它与分包商或供应商的合同价是公开透明的，在谈判过程中所降低的分包合同价由业主按照一定的比例，在业主和 CM 单位之间进行分成。可见，CM 单位赚的钱在明处，不赚总包与分包之间的差价，这样更有利于降低工程费用。

④GMP（最大工程费用）对于减轻业主在投资控制方面的风险具有明显的成效。在非代理型 CM 模式下，业主对工程总投资控制以及对工程总承包或施工总承包的控制是利用 GMP 约束的，与合同双方在执行合同前就对合同总价事先约定的方式相比，CM 合同总价是在 CM 合同签订后，随着 CM 单位与各分包商签订分包合同而逐步形成的，在采用代理型 CM 模式时，CM 单位必须承担 GMP 的风险，对工程费用的控制承担更加直接的责任，如果实际工程的费用超过了 GMP，将由 CM 单位承担，而业主在工程投资控制上的风险则大大减小了。

⑤工程费用的控制须采用更为先进的管理方法和手段。同普通承包商对工程费用的控制相比较，CM 单位既需要对自己的施工成本进行控制，同时还要承担为业主控制工程费用的责任，而普通承包商则无此义务责任。

5. PM（项目管理）模式

PM（Project Management）有广义概念和狭义概念之分。广义的 PM 指项目参与各方以项目目标为导向的管理活动，狭义的 PM 是指业主方的项目管理。一般所说的 PM 模式指的是业主聘请比较专业的、有较丰富项目管理经验的项目管理公司或工程咨询公司，为业主提供全过程或若干阶段的专业管理服务。工程项目管理公司一般应按照合同约定，承担相应的管理责任。按照合同的约定，在工程项目的决策阶段，须进行可行性分析和项目策划，向业主提供可行性研究报告；在工程项目的实施阶段，为业主提供从项目招标代理开始直到竣工验收为止等一系列服务，并代表业主对整个工程项目的相关方面进行有效的管理和控制。

6. PMC（项目管理承包）模式

随着 PM 模式逐步完善及全球经济的发展，PMC，Project Management Contractor（项目管理承包）模式在 20 世纪 80 年代开始出现并缓慢发展，PMC 模式，是指业主与 PMC 公司签订合同，在合同中明确规定公司应提供专业的管理服务或技术咨询，以及承包部分工程的设计和施工工作。

在 PMC 模式中，双方签订的合同具有咨询管理和承发包的性质，但是对工程项目的管理是 PM 公司的重要工作内容。在 PMC 模式中，项目分成两个阶段进行：定义阶段和执行阶段。在定义阶段中，业主委托 PMC 公司（项目管理公司）对项目进行全面的管理。PMC 公司组织完成初步设计，确定所有专业设计方案及技术方案，确定设备、材料的规格及数量，准确估算工程项目费用并编制相应的招标书，最终确定工程中各个项目的总承包人以及确定最终投资决策。

在执行阶段，总承包人负责对中标的项目开展相关的详细设计、采购和施工工作，PMC 公司作为业主代表承担整个工程项目的管理协调工作，直到项目完成。在项目的各个阶段，PMC 公司都要及时向业主进行工作报告，业主也派出部分人员监督和检查 PMC 公司的工作。

综合以上两个阶段中 PMC 公司的工作内容，PMC 模式较 PM 模式的工作范围有所延伸和拓展，如增加了工程初步设计等工作，但工作范围的延伸和拓展对 PMC 公司的能力要求也相应提高。

PMC 模式的优点是 PMC 公司作为业主的管理和咨询机构，完全按照业主的意志有效运筹整个工程项目，极大地弥补了业主在项目管理知识和经验方面的不足，可以充分发挥 PMC 公司的专业优势。这种优势可以在帮助业主有效节约投资、提高管理水平方面有成效，并且工程项目中设计与施工之间的矛盾也会相应减少，业主在项目融资、出口信贷等方面还会得到 PMC 公司的支持；同时，这种模式还可以比较方便地采用阶段式发包，有利于缩短工程周期。

7. BOT（建造—运营—移交）模式

BOT（Build-Operate-Transfer）模式是 20 世纪 80 年代在国外兴起的一种对国有基础设施项目进行民营化管理的模式，即依靠国外私人资本进行基础设施融资和设计建造。它是指东道国政府开放本国基础设施和运营市场，吸收国外资金，向项目公司授以特许权，由项目公司负责融资和组织建设，并负责建成后的运营及还贷，在特许期满后将工程移交给东道国政府。

BOT 模式被认为是代表国际项目融资发展趋势的一种新型结构，它刚一出现，就引起了国际金融界的广泛重视。BOT 模式的一个重要特征是政府机构将最终接管运营中的项目。BOT 模式主要用于基础设施项目的建设，并且在这些项目中，BOT 模式显示出了旺盛的生命力和发展前景。20 世纪 80 年代以后，BOT 模式得到了发展中国家政府的重视和广泛应用，并且其中不乏成功运用 BOT 模式的案例。一些发达国家政府的项目工程也考虑应用 BOT 模式完成政府企业的私有化过程，比如澳大利亚悉尼港海底隧道工程、横贯英法的英吉利海峡海底隧道工程等，是已有的发达国家采用 BOT 模式进行的项目。

8. Partnering（合伙）模式

Partnering 模式最先出现在美国，是一种新的建设项目管理模式，它在确定建设工程共同目标时须充分考虑各方利益。它是指在能够取得最大资源效益的条件下，业主及项目参与各方在相互信任、相互尊重和资源共享的基础上达成的一种短期或长期的相互协定。该协定的优势在于它突破了传统的组织界限，通过确定共同的项目目标，建立起具有良好合作关系的工作小组，就工程项目中出现的问题、风险以及其他的相关费用协商解决和分担。

相对于传统的工程项目管理模式，Partnering 模式不但能够良好地管理业主在工程项目方面的投资、进度以及进行质量控制，还改善了工程建设参与各方的关系，明显减少了争议和诉讼的发生，并且可以提高承包商的利润。

Partnering 模式的特征包括合作双方的自愿性、高层管理的参与性以及信息的开放性等，它总是与其他管理模式结合使用。

（三）国际工程项目管理模式的应用特点

1. 工程项目管理从非专业化向专业化转变

业主将自己进行工程项目的监督和管理专项委托专门的人员或者机构来完成这项工作，如经验丰富的从事项目管理的专业人员，包括咨询工程师、项目管理专家等，也可以是专营项目管理的机构，主要有咨询公司、工程公司和项目管理公司。工程项目管理的这种由非专业化逐步向专业化和社会化的转变，可以大大提高工程项目管理水平，并且有利于工程管理经验的积累。

2. 有利于充分调动参与企业的积极性和能动性，发挥企业的各种优势

建筑行业的发展方向在一定程度上取决于工程项目管理模式的发展趋势，此发展趋势以充分发挥项目参与企业的人才、技术、管理以及资源等方面的优势作为方向，也能够充分调动建筑单位的积极性，有利于建筑市场经济的健康发展。

3. 能够更加紧密地将工程项目的设计与施工结合起来

以往工程建设中常出现的设计和施工相互制约和脱节的矛盾在新的管理模式中逐步得以克服，使工程项目的设计和施工从以往的相互独立分离到深度合理交叉，施工因素在项目初始设计阶段就预先加以考虑，最大限度地减少由设计的错误和疏忽引起的变更，有效控制工程投资、进度和质量，节约社会资源，并能最大限度地满足业主的要求。

4. 便于业主简化项目管理，进行宏观控制

业主不必进行烦琐的工程项目管理工作，这些交由专业人士管理，这样就将以往复杂、多边性质的合同管理关系简化为简单、单边的合同管理关系，使得业主能够在宏观层面对投资、工程周期和质量等方面进行控制。

5. 利于工程项目风险合理分摊

项目风险从最初全部由业主承担，先后经历了各阶段承包人共同承担和工程总承包人和项目管理总承包人承担两个阶段，在这样的转变过程中，不但实现了项目风险的合理分担和转移，也实现了承包人的优势集成优化。

6. 工程项目管理模式与建筑业信息化发展相辅相成

工程项目管理模式的改革和完善，对建筑业信息化的迅速发展起到促进作用；同样，建筑业信息化的发展和完善，也为工程项目管理模式的发展提供了坚实的基础与强力的支持。

7. 在工程项目管理模式的发展中建筑行业组织所起的作用不容忽视

建筑业各个协会组织的作用主要体现在两方面：一方面，是为工程项目管理模式的完善提供充分的智力支持；另一方面，也是最为重要的一点，行业组织推出了一系列的标准合同范本，直接有效地推动了工程项目管理模式的发展与变迁。

8. 对于当前工程项目投资多元化的发展趋势拥有良好的适应性

现今工程项目投资多元化的趋势日益明显，新的项目管理模式对此更加适应，使越来越多的国外投资人、企业出资人和民间投资人等均能便捷地参与到工程项目建设中来，有利于推动我国的经济建设。

9. 项目参与方互利共赢，促进了相互之间的长期友好合作

有利于提高工程项目各参与方的满意程度，完成各方的共同目标，为社会奉献优良的建筑产品，最终实现各方共赢，也有利于项目各参与方建立长期友好的合作关系，为以后顺利开展合作奠定良好的基础，从而共同致力于我国建筑事业的繁荣发展。

三、我国水利水电工程项目管理模式

（一）水利水电工程项目管理的主导模式

1. 我国常用的工程项目管理模式

自我国加入 WTO 后，建筑业的竞争从国内单位的竞争转变为国际市场的竞争，为了能尽快融入国际市场，我国政府积极调整和修改了相关政策法规，采用了国际惯用的执业注册制度。在积极改革应对国际竞争，与国际接轨的同时，还将国外一些先进的应用广泛的工程项目管理模式引进了国内。目前，在我国普遍应用的有监理制、代建制和EPC三种工程项目管理模式。

（1）工程建设监理模式

建设监理在国外通称为项目咨询，其站在投资业主的立场上，采用建设工程项目管理的方式对建设工程项目进行综合管理以实现投资者的目标。目前，我国广泛应用传统模式下、PM模式下及的DB模式下工程监理。

工程建设监理制的真正起源是国外的传统（设计—招标—建造）模式，工程建设监理制是指由项目业主委托监理单位对工程项目进行管理，业主可以根据工程项目的具体情况来决定监理工程师的介入时间和介入范围。现阶段我国的工程建设监理主要是对施工阶段的监督管理。

（2）代建制模式

代建制是中国政府投资非经营性项目委托机构进行管理的制度的特定称谓，在国际上并没有这种说法。我国的代建制管理模式最初是由个别地方政府进行试点试运行，后来得到了一定程度的总结，才逐步扩展到全国各地，经历了由点到面、由下到上的过程。

迄今为止，关于代建制统一的标准的定义在学术界和政府机构的规章汇总并没有得到明确。这里综合各方见解认为，所谓代建制，是针对政府投资的非经营性项目进行公开竞标，选择专业化的项目管理单位作为代建人，负责投资项目建设和施工组织工作，待项目竣工验收后交付给使用单位的工程项目管理模式。

政府投资项目的代建制一般包括政府业主、代建单位和承包商三方主体。一般而言，三者之间的关系形式如下：

①业主分别与其他两方以及设计单位签订相应的合同，业主对设计和施工直接负责，代建单位仅向业主提供管理服务，这种形式类似于国外的PM模式。

②业主与代建单位签订代建合同，代建单位再分别与设计单位、施工单位签订合同，代建单位向业主提供包括管理服务、全部设计工作以及部分施工任务在内的相关工作，这种形式类似于PMC模式。

③业主与代建单位之间的代建合同范围广泛，包含从项目设计到施工的全部内容。

（3）代建制的特点

①政府投资的非经营性项目主要采用代建制。一般情况下，往往是政府公共财政来弥补非经营性项目的投资失误，损害了广大纳税人的利益，有损社会公平。通过招投标方式采用代建制以后，有利于实现项目管理团队的专业化，利于防止出现投资"三超"（概算

超估算、预算超概算、结算超预算)、工期拖延等现象,同时项目工程质量也可以得到充分的保证。

②代建制的实施,使政府得以脱离烦琐、具体的工程项目管理工作,从投资主体的角度站在宏观层面上对项目的实施进行调控和监管,提高工程效益。

③代建制模式下建设、管理、使用各环节相互分离,克服了传统模式下政府投资项目"投资、建设、监管、使用"四位一体的弊端,有效防止了腐败的滋生,还可有效解决政府项目投资软约束问题。

2. 平行发包模式

改革的过程不断进行,我国水利水电工程项目管理逐渐形成了一种平行发包模式,它是在项目法人责任制、招标投标制和建设监理制框架下建立的一种项目管理模式,成为现今水利水电工程项目管理的主导模式。

项目法人责任制首先规范了项目业主的建设行为,其次明确了工程项目的产权以及项目建设的经济及法律职责范围内的责任与义务;招标投标制推动了建筑企业由行政指令方式的承包向市场选择方式的承包转变;建设监理制的推行使得监理单位更有效地对招标承包和合同进行管理,而项目业主又通过合同管理来实现自身对工程项目建设的设想;与此同时,承包单位与业主之间订立的具有法律约束力的经济合同关系,割断了其与上级行政主管部门的联系。

(1) 平行发包模式的概念及其基本特点

平行发包模式是指项目业主将工程建设项目进行分解,按照内容分别发包给不同的单位,并与其签订经济合同,通过合同来约定合同双方的责权利,从而实现工程建设目标的一种项目管理模式。各个参与方相互之间的关系是平行的。

平行发包模式的基本特点是在政府有关部门的监督管理之下,项目业主合理地对工程建设任务进行分解,然后进行分类综合,确定每个合同的发包内容,从而选择适当的承包商。各承包商向项目业主提供服务,监理单位协助或者受到项目业主的委托,管理和监督工程建设项目的进行。

与传统模式下的阶段法不同的是,平行发包模式借鉴传统模式下细致管理和CM模式的快速轨道法,在未完成施工图设计的情况下即进行施工承包商的招标,采用有条件的"边设计、边施工"的方法进行工程建设。

(2) 平行发包模式的优缺点

无论是在国内还是在国外,平行发包模式都是一种发展得十分成熟的项目管理模式,它的优点是项目业主通过招投标直接选定各承包人,使项目业主对工程各方面把握更细致、更深入，设计变更的处理相对灵活；合同个数较多，合同界面之间存在相互制约关系；由于有隶属不同和专业不同的多家承包单位共同承担同一个建设项目，同时工作作业面增多，施工空间扩大，总体力量增大，勘察、设计、施工各个建设阶段以及施工各阶段搭接顺畅，有利于缩短项目建设周期。一般对于一些大型的工程建设项目，即投资大、工期比较长、各部分质量标准、专业技术工艺要求不同，又有工期提前的要求，多采用此种模式。

平行发包模式的主要缺点是项目招标工作量增大，业主合同管理任务量大，合同个数和合同界面增多，增加了协调工作量和管理难度，项目实施过程中管理费用高，设计与施工、施工与采购之间相互脱离，需要频繁地进行业主与各个承包商之间的协调工作，工程造价不能达到最优控制状态。招标代理和建设监理等社会化、专业化的项目管理中介服务机构的推行，有助于解决该模式中存在的问题。

（二）水利水电工程项目管理模式的选择

1. 工程项目管理模式选择的影响因素

在选择工程项目管理模式时，必须考虑以下三个要素：工程的特点、业主的要求及建筑市场的总体情况。

（1）工程的特点

在选择工程项目管理模式之初考虑的最主要问题就是工程的特点，其包括工程项目规模、设计深度、工期要求、工程其他的特性等因素。

工程项目规模是工程项目管理模式要考虑的主要因素之一。对于规模较小的工程，如住宅建筑、单层工业厂房等通用性比较强的一般民建工程，各种模式都可以采用，因为其不但工程结构比较简单，而且比较容易确定设计、施工工作量和工程投资，常用施工总包模式、设计施工总包模式、项目总承包模式。对于工程规模较大的工程，项目管理模式的选择要在综合分析现有情况的条件下做出。例如，如果具有总承包资质的施工单位很少，不一定能满足招标要求，为防止因投标者过少而导致招标失败，业主可选择分项发包模式；如果业主没有经验，而所从事的工程项目又需要承包商具有专业的技术和经验或者是高新技术项目工程，可以采用设计施工总承包模式、项目总承包模式或者代理型 CM模式。

设计深度也是选择工程项目管理模式要考虑的主要因素之一。如果对于工程的招标需要在初步设计刚完成后就开始，但是业主面临的情况是整个工程施工详图没有完成，甚至没有开始，并不具备施工总包的条件，此时适宜的项目管理模式可以是分项发包模式、详细设计施工总包模式、咨询代理设计施工总包模式、CM 模式；如果设计图纸比较完备，能较为准确地估算工程量，可采用施工总包模式；某些工程在可行性研究完成后就进行招标，可采用传统的设计施工总承包模式。

工期要求也是选择工程项目管理模式要考虑的主要因素之一。大多数工程都对工期有着严格的要求，若工期较短，时间紧促，则可以选择分项发包模式、设计施工总承包模式、项目总承包模式和 CM 模式，而不能采用施工总包模式。

此外，工程的复杂程度、业主的管理能力、资金结构以及产权关系等因素对项目管理模式的选择也有一定的影响，必须将以上各种因素综合起来考虑，选择适合的工程项目管理模式，最大限度地、最便捷地达到目标。

（2）业主的要求

工程特点所含的因素中，部分包含业主的要求，因此这里所指的主要是业主的其他要求，包括自身的偏好、需要达到的投资控制、参与管理的程度、愿意承担的风险大小等。举个例子来说，如果业主具备一定的管理能力，想亲自参与项目管理，控制投资，可以采用分项发包模式；如果业主既希望节约投资又不希望自己太累，就可以采用 CM 模式，降低自身的工作量。

如果业主时间精力有限，不愿过多地参与项目建设过程，可以优先考虑设计施工总承包模式和项目总承包模式，在这两种模式中，工程项目开展的全部工作交由总承包商承担，业主只负责宏观层面上的管理。然而在这两种模式中，业主要想有效控制项目的质量有一定的难度。因此，这就需要业主采取其他的管理模式来解决项目控制方面的难题。对一些常用的项目管理模式，按业主参与程度由大到小的排列顺序为分项发包模式、施工总承包模式、CM 模式、设计施工总承包模式、项目总承包模式。

如果业主希望控制工程投资，需要掌控设计阶段的相关决策工作，在此情况下适宜采用分项发包模式、CM 模式或者施工总承包模式；若采用设计施工总承包模式和项目总承包模式，业主对设计控制的难度较大。但在施工总承包模式下，由于设计与施工相互脱节，易产生较多的设计变更，不利于项目的设计优化，容易导致较多的合同争议和变更索赔。

随着工程项目的规模越来越大，技术越来越复杂，工程项目所承担的风险也越来越大，因此业主在工程管理模式的选取时应将此作为一个重要的考虑因素。常见项目管理模式按业主承担的管理风险由大到小排序为分项发包模式、非代理型 CM 模式、代理型 CM 模式、施工总承包模式、设计施工总承包模式、项目总承包模式。

（3）建筑市场的总体情况

项目管理模式的选择也需要考虑建筑市场的总体情况，因为业主期望开展的相关工程项目在建筑市场上不一定能够找到具有相应承包能力的承包商。例如，像三峡大坝建设这么大的工程，不可能把所有施工工作全部承包给一个建设单位，因为放眼全国尚没有一家建设单位有能力完成此项目。常见项目管理模式按照对承包商的能力要求从高到低的排序为项目总承包模式、设计施工总包模式、代理型 CM 模式、施工总包模式、非代理型 CM模式、分项发包模式。

2. 水利水电工程项目管理模式选择的原则

（1）项目法人集中精力做好全局性工作

一般情况下，水利水电工程都具有规模较大、战线长、工程点多、建设管理复杂的特点，这就对项目法人的要求较高，必须能集中精力做好总体的宏观调控。以南水北调工程为例，南水北调东线工程所要通过的河流之多、输水里程之长、设计的参建单位之多、建设管理所遇到的问题之复杂，一般的工程项目管理模式根本不能够适应，因此需要改变传统的项目管理模式，重点做好事关项目全局的决策工作。

（2）坚持"小业主、大咨询"的原则

当前我国经济的快速发展推动了各类工程项目建设尤其是水利水电工程建设的实施，考虑到水利水电类项目建设规模和专业分工的特点，传统的自营建设模式已不能适应这样的情况。项目法人只有利用市场机制对资源的优化配置作用，采用竞争方式选择优秀的建设单位从事相应的工作，唯其如此才能按期、高效和优质完成项目目标。我国历经 20 多年的建设管理体制改革，在各方面已然取得了一定的成绩，但是"自营制"模式仍然或多或少地制约着人们的思维，"小业主、大监理"的应用范围没有广泛展开就是一个明显的例证。因此，水利水电工程的工程项目管理需要摆脱旧模式的影响，按照市场经济的生产组织方式，在项目开展的全部过程中充分依靠社会咨询力量，贯彻"小业主、大咨询"的原则，以提高工程项目管理水平和投资效益，精简项目组织。

（3）鼓励工程项目管理创新，与国际惯例接轨

目前，在我国的工程建设项目中，绝大多数的业主都采用建设监理制。在水利水电工程建设的管理上，相关单位需要汲取国际上工程项目管理的先进经验和通行做法，突破传统思维的限制，有所创新，选择项目法人管理工作量小且管理效果好的模式，如 CM 模式。当然，在条件允许的情况下，也可推行一些设计施工总包模式和施工总包模式的试点。

（4）合理分担项目风险的原则

在我国的工程项目管理中，项目的相关风险主要由单一主体予以承担。比如在当前大力推行的建设监理制中，项目法人或业主承担了项目的全部风险，而监理单位基本上不承

担任何风险，因此，虽然监理单位和监理工程师是项目管理的主体，但缺少强烈的责任感。在水利水电工程项目管理模式选择中，应加强风险约束机制的建设，使得项目管理主体承担一定的风险，促进项目法人的意图得到项目管理主体的切实贯彻，有效地监管工程的投资、质量和工期。

（5）因地制宜，符合我国具体国情的原则

目前我国形成了以项目法人责任制、建设监理制和招标投标制为基本框架的建设管理体制。但是大多数的建筑单位依然没有摆脱业务能力单一的现状，能够从事设计、施工、咨询等综合业务的智力密集型企业数量很少，具有从事大型工程项目管理资质、总承包管理能力和设计施工总承包能力的独立建筑单位也几乎没有。因此，在水利水电工程项目管理模式选择时，需要结合我国建筑市场的实际情况，因地制宜，不能生搬硬套国外的模式，建立一套适合中国国情的项目管理模式。

3. 不同规模水利水电工程项目的模式选择

水电站及其他水利水电工程受工程所处的地形、地质和水文气象条件影响会产生很大的差异，水电站在规模上的差异导致各方面的差异也很大。与中小型水利水电工程相比，大型水利水电工程的工程投资更大、影响更深远、风险更高，因此需要应用更为谨慎、严格、规范的工程管理方式，其采用的工程项目管理模式应与中、小型水利水电项目不尽相同。在大型、特大型水利水电项目开发建设中，应该基于现行主导模式，结合投资主体结构的变化和工程实际，对工程项目的建设管理模式开展大胆的创新和实践，真正创造出既能够与国际管理相接轨，又能够适应我国水电项目建设情况的项目管理模式。我国的中、小水利水电项目投资正逐步地向以企业投资和民间投资为主转变，故中小水利水电项目管理模式的选择与民间投资水电项目管理模式的创新就极为相似，大体上可以采用相同的项目管理模式。

4. 不同投资主体的水利水电工程的模式选择

我国水利水电工程的投资主体大致可分为两种：第一种是以国有投资为主体的水利水电开发企业，第二种是以民间投资参股或控股为特征的混合所有制水利水电开发企业。相对于传统的水电投资企业来说，新型水利水电开发企业以现代公司制为特征，具有比较规范和完善的公司治理结构。目前，大型国有企业的业务主要集中在大中型水利水电项目的开发上，而民间或者混合所有制企业的业务主要集中在开发中小型水利水电项目上。由于具有不同的特点、行为方式和业务范围，这两类投资主体应在项目管理模式的选择上不尽相同。

第一类投资主体应在现有主导模式的基础上，逐步将投资和建设相分离。在专业知识和管理能力达到相当水平的条件下，业主可以组建自己的专业化建设管理公司；当业主自身不能完成工程项目管理任务时，可采用招标或者其他方式选择适于承担该工程项目的管理公司。在国际上出现了将设计和施工加以联合的趋势，因此在开展一些大型或者技术要求复杂、投资量巨大的工程项目时，可以将设计和施工单位组成联合体开展工程总承包，或者对其中的分部分项工程、专业工程开展工程总承包。如果一些大型的企业在经过一段时间的发展壮大后，可以组建相应的具有设计、施工和监理等综合能力的大型公司开展整个工程项目的总承包。

对于民间投资参股或控股的投资主体而言，要想求得更好更快的发展，必须在改革开放的大背景下，加强国际交流，充分吸收国外的项目管理模式的先进经验，并通过自主创新，建立一套适于在我国推广和应用的具有中国特色的水利水电项目管理模式。当这类投资主体具有充足的水电开发专业人才及管理人才，以及相应的技术储备时，可自行组建建设管理机构，充分利用社会现有资源，采用现行主导模式——平行发包模式进行工程项目的开发建设。当项目业主难以组建专业的工程建设管理机构，不能全面有效地对工程项目建设全过程进行控制管理时，可以采取"小业主、大咨询"方式，采用 EPC、PM 或 CM 模式等完成项目的开发任务。

四、水利水电工程项目管理模式发展的建议

（一）创建国际型工程公司和项目管理公司

目前，在国际和国内工程建设市场呈现出的新特点包括：工程规模的不断扩大带来了工程建设风险的提高；技术的复杂性使得对于施工技术创新更加迫切；国内市场日益国际化，并且竞争的程度日趋激烈；多元化的投资主体等。这些特点为我国项目管理模式的发展以及培育我国国际型工程公司和项目管理公司创造了良好的条件。

1. 创建国际型工程公司和项目管理公司的必要性

目前，我国国际型工程公司和项目管理公司的创建有着充分的必要性，主要体现在：

（1）深化我国水电建设管理体制改革的客观需要

在我国水电建设管理体制改革不断取得成绩的大前提下，无论从主观上还是客观上讲，我国的设计、施工、咨询监理等企业都已具备向国际工程公司或项目管理公司转变的条件。在主观上，通过各项目的实践，各大企业也已认识到企业职能单一化的局限性，部分企业已开始转变观念，承担一些工程总承包或项目管理任务，相应地调整组织机构。在客观上，业主充分认识到了项目管理的重要性，越来越多的业主，特别是以外资或民间投资作为主体的业主，都要求承包商采用符合国际惯例的通行模式进行工程项目管理。

（2）与国际接轨的必然要求

我国想要实现与国际的统一，而一些国际通行的工程项目管理模式如 EPC、PMC 等，都必须依赖有实力的国际型工程公司和项目管理公司来实现。国际工程师联合会于 20 世纪 90 年代推出了四种标准合同范本，包含了适用于不同模式的合同，其中就有适用 DB 模式的设计施工合同条件，适用于 EPC 模式的合同条件等。我国的企业必须采用世界通行的项目管理模式，顺应这一国际潮流，才有可能在国际工程承包市场上获得大的发展，才有可能实现"走出去"的发展战略。

（3）壮大我国水利水电工程承包企业综合实力的必然选择

目前我国是世界水利水电建设的中心，有必要借助水利水电大发展的有利时机，学习和借鉴国际工程公司和项目管理公司成功的经验，通过兼并、联合、重组、改造等方式，加强建设企业之间资源的整合，促使一批大型的工程公司和项目管理公司成长壮大起来，它们自身具有设计、施工和采购综合能力，能够为项目业主提供工程建设全过程技术咨询和管理服务。综上所述，我国有必要创建一批国际型工程公司和项目管理公司，使其成为能够增强我国现有国际竞争力的大型工程承包企业。

2. 创建国际型工程公司和项目管理公司的发展模式

我国的水利水电建设工程排在世界第一位，我国创建和发展自己的具有一定市场竞争能力的国际型工程公司已经刻不容缓。对于一个企业来说，竞争能力是重中之重，因此，我国的水利水电工程承包企业有必要通过整合、重组来改善组织结构，培育和发展出一批能够适应国际市场要求的国际型工程公司和项目管理公司。这些公司能够为业主提供从项目可行性分析到项目设计、采购、施工、项目管理及试运行等多阶段或全阶段的全方位服务。

目前，我国工程总承包的主体多种多样，这些主体单位包括设计单位、施工单位、设计与施工联合体以及监理、咨询单位为项目管理承包主体等多种模式。由于承包主体社会角色和经济属性的不同，决定了其在工程总承包和项目管理中所产生的作用和取得的效果也不尽相同，进而产生了几种可供创建国际型工程公司和项目管理公司选择的发展方式。

（1）大型设计单位自我改造成为国际型工程公司

以设计单位作为工程总承包主体的工程公司模式，就是设计单位按照当前国际工程公司的通行做法，在单位内部建立、健全适应工程总承包的组织机构，完成向具有工程总承包能力的国际型工程公司转变。大型设计单位拥有的监理或咨询公司一般也具备一定的项目管理能力，因此，大型设计单位的自我改造是设计单位实现向工程公司转变的一种很好的方式，只须进行稍稍的重组改造，即能为项目业主提供全面服务。大型设计单位向综合方向发展，成为具备项目咨询、设计、采购、施工管理能力的国际型工程公司，形成以设计为主导，以项目管理为基础的工程总承包。

（2）大型施工单位兼并组合发展成为工程公司

近几十年，我国水利水电事业得到了迅猛发展，许多水利水电施工单位也得到了锻炼和成长，积累了相当多的工程经验，其中的一些大型的水利水电施工单位不仅成为我国国内水利水电施工的主体，同时也是开拓国际水利水电承包市场的主导力量，它们除了具有强大施工能力和施工管理能力，也具备一定的项目管理能力。但相对国际水平而言，国内相关单位虽然施工能力很强，但是也不可避免地会存在一些缺点和不足，如勘察、设计和咨询能力不足，不能够为项目业主提供全方位高层次的咨询与管理服务；在对工程项目开展优化设计、控制工程投资和工期方面能力很弱。针对这些问题，通过兼并一些勘察、设计和咨询能力较强中小设计单位，弥补自身在此方面的缺陷，在残酷的市场环境中走向壮大，顺利发展成为大型的综合性工程公司。

（3）咨询监理单位发展成项目管理公司

咨询、监理单位本身就是从事项目管理工作，通过它们之间的兼并组合或者对自身进行改造，形成实力较强的大型项目管理公司，为项目业主提供项目咨询和项目管理服务。我国水利水电咨询监理单位的组建方式多种多样，主要组建方式包括项目业主组建、设计单位组建的、施工单位组建的、民营企业组建的以及科研院校组建的。但是这些单位具有一些共同的特点：组建时间不长、人员综合素质较高、单位的资金实力较弱、服务范围较窄等。如果由这些单位承担工程总承包，则一定具有较高的现场管理水平，具备一定的综合管理和协调能力，但是普遍缺乏高水平的设计人员，加上自身不具备资金实力，所以很难有效地控制工程项目建设过程中的各种风险。因此，可以把监理、咨询单位中一些有实力的单位兼并重组为能够从事工程项目管理服务的大型项目管理公司，在大型水利水电项目建设中提供诸如 PMC 等形式的管理服务。

（4）大型设计单位与大型施工单位联合组建工程公司

所谓大型设计和施工单位联合组建工程公司，是指将大型设计与施工单位进行重组或改造，组建具有项目全阶段、全方位能力的工程公司。这种工程公司的水平最高，能够进行各种项目管理模式的组合。虽然通过这种方式组建工程公司的难度很大、成本很高，但这是利用现有资源创建我国最具竞争力的国际型工程公司的最佳捷径。因为设计施工的组合属于强强联合，双方优势互补，不但设计单位在项目设计方面的专业和技术优势得到了充分发挥，而且将设计与施工进行紧密结合，便于综合控制工程质量、进度、投资和促进设计的优化和技术的革新，也有利于进一步提升企业的综合竞争力，使工程公司到国际工程承包市场上去承建更多、更大的工程总承包项目。这种创建工程公司的方式将是我国未来一个阶段发展的重点。

　　鉴于我国现阶段设计与施工相分离的实际情况，国际型工程公司的组建可以分为两个步骤：第一步，由设计和施工单位组成项目联合体共同投标并参与工程项目总承包管理。目前，在我国水利水电工程投标中，较为常见的是由不同施工单位组成的联合体共同参与投标，设计单位与施工单位之间联合投标的情况很少见，这种现象的出现主要是由于我国水利水电建设中这种模式应用得较少，以及该领域中详细的招标条件不成熟。国家大力倡导在水利水电工程领域采用工程总承包和项目管理模式，有必要支持部分项目业主采用工程总承包模式进行招标，鼓励投标人采取设计与施工联营的方式进行投标，逐步培养和发展工程总承包和项目管理服务意识。一般情况下，联营分为法人型联营、合伙型联营和协作型联营三种形式。目前我国国内水利水电企业之间采用较多的是合伙型联营和协作型联营。未来我国水利水电企业之间联合发展的初期应该是法人型联营，为其最终发展成设计与施工联合型工程公司打下基础。第二步，当工程总承包和项目管理服务的发展较为成熟，成为水利水电建设中的常见模式时，则可以实施将设计与施工单位重组或改造成为大型的项目管理公司，彻底改变设计与施工分割的局面。

　　（5）中小型企业发展成为专业承包公司

　　对于中小型的施工单位和设计单位，应扬长避短，突出自身的专长，发展成为专业性承包公司，除了进行自主开发经营外，还可以在大型和复杂的工程项目中配合大型工程公司完成。

　　（6）发展具有核心竞争力的大型工程公司和项目管理公司

　　企业项目管理水平的高低直接体现了一个水利水电工程承包单位的核心竞争力，而企业的项目管理水平具体体现在管理体制科学、管理模式独特、经营方法、运营机制等方面，以及由此而带来的规模经济效益。

　　我国已成为世界水利水电建设的中心，然而我国的水利水电工程承包企业无论从营业额、企业规模，还是企业运作机制等方面，其国际国内工程承包能力远远比不上国际先进的排名前几位的工程公司，这与我国世界水利水电建设的中心地位极不相符。因此，我国必须加大投入，培育并提高企业的核心竞争力，发展一批具有国际竞争力的大型工程公司和项目管理公司。

（二）我国水利水电工程项目管理模式的选择

1. 推广 EPC（工程总承包）模式

工程总承包模式早已在国际建筑界广泛采用，有大量的实践经验，在我国积极推行工程总承包将会产生一系列积极有效的作用：它有利于深化我国对工程建设项目组织实施方式的改革，提高我国工程建设管理水平，可以有效地对项目进行投资和质量控制，规范建筑市场秩序，有利于增强勘察、设计、施工、监理单位的综合实力，调整企业经营结构，可以加快与国际工程项目管理模式接轨的进程，适应社会主义市场经济发展和加入WTO后新形势的要求。

EPC模式在我国水利水电建设的实践中收到了明显的效果，如白水江梯级电站项目，由九寨沟水电开发有限公司进行设计、采购、施工总承包，避免了业主新组建的项目管理班子不熟悉工程建设的问题，最终在项目建设的过程中确定了工程的总投资、工期以及工程质量。水利水电工程中采用EPC模式也存在一些问题，例如业主的主动性变弱，承包商就承担了更多风险，而且其风险承担能力较低等。对于水利水电工程来说，易受地质条件和物价变动影响、建设周期长、投资大等因素影响着EPC的具体实践，对于该模式应用条件的研究就显得很有必要。在推行EPC模式的过程中应注意的问题如下：

（1）清晰界定总承包的合同范围

水电工程总承包合同中的合同项目及费用大多是按照概算列项的，为了避免不必要的费用和工期损失，应在合同中明确水电工程初步设计概算中包括项目的具体范围。在水利水电工程项目实施过程中，总承包商有可能会遇到这样一种情况：业主会要求其完成一些在工程设计中没有包括的项目，而这些项目又没有明确地在合同中予以确定，最终导致总承包工程费用增加，损害总承包商的利益。如白水江黑河塘水电站建设中，在工程概算中没有包括库区公路的防护设施、闸坝及厂区的地方电源供电系统，在总承包合同中所列项目也没有明确，最终导致了总承包商的利益损失。

（2）确定合理的总承包合同价格

①概算编制规定的风险。

按照行业的编制规定，编制的水利水电工程概算若干年调整一次。若总承包单位采用的是执行多年但又没有经过修订的编制预算，最后造成了工程预算与实际情况不符。

②市场价格的风险。

考虑到水电工程周期长，在工程建设期间总承包商需要充分考虑材料和设备价格的上涨，最大限度地避免因此造成的损失和增加的风险。

③现场状况的不确定性和未知困难的风险。

水利水电工程建设中，可能遇到较大的地质条件变化及很多未知的困难，根据概算编制规定，一般水电工程在基本预备费不足的情况下是可以调整概算的，但按照EPC合同的相关条件，EPC总承包商必须自己承担这样的风险。因此，一旦发生工程项目概算调整时，固定价格总承包将会给总承包商带来巨额的亏损并造成工期的延误。这些风险的存在提高了总承包商承担的风险，总承包商在订立合同价格时应更加谨慎，要充分了解项目工程情况，综合分析其潜在的风险，并就其与业主进行沟通和协商，以便最终能够达到获利要求的合同价格。同时，承包商可以根据风险共担的原则，在与业主签订合同时，明确规定一旦发生风险时双方应就最初的固定价格总承包展开磋商，以降低自身的风险。

（3）施工分包合同方式

EPC 总承包的要旨是在项目实施过程中"边设计、边施工"，这样便于达到降低造价、缩短工期的目的。而水利水电工程在进行施工招标时，设计的进展并不完全能够达到施工的要求，因此在实际施工中更容易发生变更，而导致分包的施工承包商的索赔。因此，采用成本加酬金的合同方式，比以单价合同结算方式的施工合同更能适应水电工程EPC 总承包方式。

2. 实施 PM 模式

（1）PM 模式的优势

PM 模式相对于我国传统的基建指挥部建设管理模式主要具备以下三点优势：

①有助于提高建设期整个项目管理的水平，确保项目如期保质保量完成

长期以来，我国工程建设所采用的业主指挥部模式主要是因项目开展的需要而临时建立的，随着项目完工交付使用指挥部也就随之解散。这样一种模式使其缺乏连续性，业主不能够在实际的工程项目中累积相应的建设管理经验和提高对于工程项目的管理水平，达到专业化更是遥不可及。针对指挥部模式的种种弊端，工程建设领域引入一系列国外先进的建设管理模式，而 PM 模式便是其中之一。

②有利于帮助业主节约项目投资

业主在和 PM 签订合同之初，在合同中就明确规定了在节约了工程项目投资的情况下可以给予相应比例的奖励，这就促使 PM 在确保项目质量工期等目标的完成下，尽量为业主节约投资。PM 一般从设计开始就全面介入项目管理，从基础设计开始，本着节约和优化的方针进行控制，降低项目采购、施工、运行等后续阶段的投资和费用，实现项目全寿命期成本最低的目标。

③有利于精简业主建设期管理机构

在大型工程项目中，组建指挥部需要的人数众多，建立的管理机构层次复杂，在工程项目完成后富余人员的安置也将是一个棘手的问题。而在工程建设期间，PM 单位会根据项目的特点组成相应的组织机构，协助业主进行项目管理工作，这样的机构简单高效，能够极大地减少了业主的负担。

（2）水利水电工程实施 PM 模式的必要性

第一，这是国际国内激烈的市场竞争对我国项目管理能力和水平的要求。

在我国加入 WTO 以后，国内的市场逐步向外开放。而近几年不断发展的国内经济，使得中国这个巨大的市场引起了全球的关注，大量的外国资本涌入中国，市场竞争日趋激烈。许多世界知名的国际型工程公司和项目管理公司瞄上了中国这块大蛋糕，纷纷进入中国市场，在国内传统的工程企业面前，它们的优势十分明显：优秀的项目管理能力、超前的服务意识、丰富的管理经验和雄厚的经济实力。这使得在国内大型项目竞标中，国内企业难以望其项背。许多国内工程公司认识到了这个差距，并积极通过引进和实施 PM 项目管理模式，来提升自身的能力和水平。

第二，PM 模式的实施也是引入先进的现代项目管理模式，达到国际化项目管理水平的重要途径之一。实现现代化工程项目管理具有五个基本要素：

①前提是不断在实践中引入国际化项目管理模式，但是不能单纯地引进，要对其改进，寻求并发展符合我国国情的现代项目管理理论。

②关键在于招集和培养各专业的高素质专业人才。

③必要条件是计算机技术的支持，需要开发和完善计算机集成项目管理信息系统。

④组建专业的、高效的、合理的管理机构，这是实现现代化项目管理的保证。

⑤最根本的基础在于建立完善的项目管理体系。

而 PM 模式正好具备以上五个特性，也因此显示出了其强大的生命力。通过实施 PM 模式的水利水电项目，可以为我国水利水电建设进行探索的项目管理模式。

第三，PM 模式能够适应水利水电工程的项目特点。水利水电工程一般都具有以下特点：环境及地质条件复杂、工程庞大、投资多、工程周期长、变更多等，这些就更需要具有丰富经验和实力的项目管理公司对水利水电项目的建设过程进行 PM 模式的管理，服务于业主，切实有效地实施投资控制、质量控制和进度控制，实现业主的预期目标。这样可以使业主不必过于考虑建设过程细节上烦琐的管理工作，把自己的时间和精力放在履行好关键事件的决策、建设资金的筹措等职责上。

第二章　水利建设工程项目施工管理

第一节　水利建设工程项目施工进度管理

一、工程项目进度管理的基础知识

(一) 工程项目进度管理的相关概念

进度通常是指工程项目实施的进展情况，在工程项目实施过程中要消耗时间（工期）、劳动力、材料、成本等才能完成项目的任务。当然，项目实施结果应该以项目任务的完成情况，主要是项目的可交付成果数量来表达。但由于工程项目对象系统（技术系统）的复杂性，常常很难选定一个恰当的、统一的指标来全面反映工程的进度。

在现代工程项目管理中，人们已赋予进度综合的含义，它将工程项目任务、工期和成本有机地结合起来，形成一个综合的指标，能全面反映项目的实施状况。进度控制已不仅仅是传统意义上的工期控制，它还将工期与实物工程量、成本、劳动消耗、资源等统一起来。

工程项目的进度管理是指根据进度目标的要求，对工程项目各阶段的工作内容、工作程序、持续时间和衔接关系编制计划，将该计划付诸实施，在实施的过程中经常检查实际进度是否按计划要求进行，对出现的偏差分析原因，采取补救措施或调整、修改原计划，直至工程竣工，交付使用。进度管理的最终目的是确保项目工期目标的实现。

进度控制、质量控制和投资控制是工程项目建设中的三大目标。它们之间有着密切的相互依赖和制约关系；通常来说，进度加快，需要增加投资，但工程能提前使用就可以提高投资效益。进度加快有可能影响工程质量，而质量控制过于严格，则有可能影响进度；但如因质量的严格控制而不致返工，又会加快进度。因此，项目管理者在实施进度管理工作中要对三大目标全面、系统地加以考虑，正确处理好进度、质量和投资的关系，提高工程建设的综合效益。

工程项目进度管理是工程项目管理的重要内容之一，其实质是合理安排资源供应，有条理地实施工程项目的各项活动，保证工程项目按业主的工期要求完成。工程项目进度管理的目的是保证进度计划的顺利实施，并纠正进度计划的偏差，保证各项工程活动按进度计划及时开工、按时完工，保证总工期不推迟。

（二）工程项目进度管理的目标确定

在确定工程项目进度管理目标时，必须全面、细致地分析与建设工程进度有关的各种有利因素和不利因素，才能制定出科学、合理的进度管理目标。确定工程项目进度管理目标的主要依据有建设工程总进度目标对实施工期的要求；工期定额、类似工程项目的实际进度；工程难易程度和工程条件的落实情况等，确定工程项目进度目标应考虑以下六方面：

第一，对于大型建设工程项目，应集中力量分期分批建设，以便尽早投入使用，尽快发挥投资效益。

第二，结合本工程的特点，参考同类建设工程的经验来确定施工进度目标，避免只按主观愿望盲目地确定进度目标，导致在工程项目实施过程中产生进度失控的情况。

第三，考虑工程项目所在地区的地形、地貌、水文、气象等方面的限制条件。

第四，考虑外部的配合协作条件，包括工程项目实施过程中所需的水电气道路、通信及其他社会服务项目对要求的满足程度。

第五，合理安排土建与设备的综合施工。应按照它们各自的特点，合理安排土建施工与设备安装的先后顺序及搭接、交叉或平行作业，明确设备工程对土建工程的要求和土建工程为设备工程提供施工条件的内容和时间。

第六，要保持资金供应、施工力量配备、物资供应与施工进度的平衡，确保满足工程进度目标的要求。

（三）工程项目进度管理的具体措施

工程项目进度管理的措施可以分为四类，即组织措施、技术措施、经济措施和合同措施。

1. 组织措施

组织好坏是目标能否实现的决定性因素，系统的组织包括组织结构、组织分工和工作流程。

2. 技术措施

不同的设计理念、施工方案都会对工程进度控制产生不同的影响。对设计前期方案进行评审和选用时，应对工程设计方案与工程进度控制进行分析比较。在工程进度受阻时，分析是否存在设计方面的影响因素，为实现工程进度控制目标有无使设计变更的可能性。施工方案对工程进度控制也有直接的影响，不仅应分析施工技术的先进性和经济合理性，还应考虑其对工程进度控制的影响。在施工进展受阻时，分析是否存在对施工方案的影响因素，为达到工程进度控制目标，找到改变工程施工技术、施工方法的可能性。

3. 经济措施

进度管理的经济措施涉及资金需求计划、资金供应条件以及经济激励措施等，主要包括以下内容：

第一，落实实现进度目标的保证资金。在工程预算中应考虑加快工程进度所需的资金，其中包括为实现进度目标而要采取的经济激励措施所需的费用。

第二，签订并实施关于工期和进度的经济承包责任制。

第三，建立并实施关于工期与进度的奖惩制度。

第四，办理工程预付款及工程进度款支付手续。

第五，对应急赶工者给予优厚的赶工费用。

第六，工期提前给予奖励。

第七，工程延误收取误期损失赔偿金。

4. 合同措施

进度管理的合同措施主要包括以下内容：

第一，推行 CM 承发包模式，对建设工程实行分段设计、分段发包和分段施工。

第二，加强合同管理，协调合同工期与进度计划之间的关系，保证合同中进度目标的实现。

第三，严格控制合同变更，对各方提出的工程变更和设计变更内容，监理工程师应严格审查后再补入合同文件中。

第四，加强风险管理，在合同中应充分考虑产生风险的因素及其对进度的影响，以及相应的处理方法。

第五，加强索赔管理，公正地处理索赔事务。

（四）工程项目进度计划的表示方法

建设工程进度计划的表示方法有多种，常用的有横道图和网络图两种表示方法。

1. 横道图

横道图也称甘特图，是一种进度计划表示方法。由于其形象、直观，且易于编制和理解，因而长期以来被广泛应用于建设工程进度控制之中。

用横道图表示的建设工程进度计划，一般包括两个基本部分，即左侧的工作名称及工作的持续时间等基本数据部分和右侧的横道线部分。

2. 网络图

网络图是利用由箭线和节点组成网状图形来表示总体工程任务各项工作系统安排的一种进度计划表达方式。与横道图相比，网络图具有以下优点：网络图能全面、明确地表达出各项工作之间的逻辑关系；能进行各种时间参数的计算；能找出决定工程进度的关键工作；能从许多可行方案中选出最优方案；某项工作推迟或者提前完成时，可以预见到它对整个计划的影响程度，而且能够迅速对其进行调整；利用各项工作反映出的时差，可以更好地调配人力、物力，达到降低成本的目的。更重要的是，它的出现与发展使计算机在进度计划管理中得以应用。网络计划技术的缺点是在计算劳动力、资源消耗量时，与横道图相比较为困难。

（五）工程项目进度计划的编制程序

当应用网络计划编制工程项目进度计划时，其编制程序一般包括四个阶段。

1. 计划准备阶段

计划准备阶段分两个步骤：

（1）调查研究

调查研究的方法包括：实际观察、测算、询问；会议调查；资料检索；分析预测等。

（2）确定网络计划目标

网络计划的目标由工程项目的目标所决定，一般可分为时间目标、时间—资源目标和时间—成本目标三类。时间目标即工期目标，是指规定工期或要求工期。时间—资源目标分为资源有限、工期最短和工期固定、资源均衡两类。时间—成本目标是指以限定的工期寻求最低成本或寻求最低成本时的工期安排。

2. 绘制网络图阶段

绘制网络图阶段分三个步骤：

（1）进行项目分解

将工程项目由粗到细进行分解，是编制网络计划的前提。对于控制性网络计划，其工作划分应粗一些，而对于实施性网络计划划分应细一些。工作划分的粗细程度，应根据实际需要来确定。

（2）分析逻辑关系

分析逻辑关系的主要依据是施工方案、有关资源的供应情况和施工经验等。

（3）绘制网络图

根据已确定的逻辑关系，即可按绘图规则绘制网络图。

3. 计算时间参数及确定关键线路阶段

计算时间参数及确定关键线路阶段分三个步骤：

（1）计算工作持续时间

对于搭接网络计划，还需要确定出各项工作之间的搭接时间。如果有些工作有时限要求，则应确定其时限。

（2）计算网络计划时间参数

其计算方法有图上计算法、表上计算法、公式法等。

（3）确定关键线路和关键工作

在计算出网络计划时间参数的基础上，便可根据有关时间参数及其特征，确定网络计划中的关键线路和关键工作。

4. 编制正式网络计划阶段

编制正式网络计划阶段分两个步骤：

（1）优化网络计划

根据所追求的目标不同，网络计划的优化包括工期优化、费用优化和资源优化三种。

（2）编制正式网络计划

根据网络计划的优化结果，便可绘制正式的网络计划，同时编制网络计划说明书。网络计划说明书的内容应包括编制原则和依据、主要计划指标一览表、执行计划的关键问题、需要解决的主要问题及其主要措施、其他需要说明的问题。

二、工程项目进度优化

网络计划的优化是指在既定约束条件下，向着某一目标不断改善网络计划的最初方案，使得相对最佳的网络计划通过。优化内容包括工期优化、费用优化等。网络计划的优化须进行大量烦琐的计算，因此必须借助计算机来完成。

（一）工期优化

工期优化是指在一定的约束条件下，按合同工期目标，通过延长或缩短计划工期以达到合同工期的目标。

1. 工期优化的情况

第一，计算工期小于合同工期时，延长关键线路上关键工序作业时间，使其达到合同工期。

第二，计算工期大于合同工期时，缩短关键线路上关键工序作业时间，使其达到合同工期。在压缩过程中要特别注意，当缩短关键线路时间时，会使一些时差小的非关键线路变为关键线路。这时要反复进行，继续缩短新关键线路上关键工序的作业时间，逐次逼近，直到满足要求的合同工期为止。

2. 关键工序选择的影响因素

第一，备用资源充足。

第二，压缩作业时间对质量和安全的影响较小。

第三，压缩作业时间所需增加的费用最少。

第四，重复以上步骤，直至满足工期要求为止。

第五，当所有关键工作的持续时间都已达到其能缩短的极限，而工期仍不能满足要求时，应对原计划的技术方案、组织方案进行调整或对要求工期进行重新审定。

（二）费用优化

费用优化是通过对不同工期及其相应工程费用的比较，寻求与最低工程费用相对应的最优工期。

1. 工程费用包括直接费用和间接费用两部分

直接费用是指直接用于建筑工程上的人工费、材料费、建筑机械使用费等，它主要由建筑工程的各工序所需的直接费用构成。间接费用主要指组织和管理建筑工程施工的各项经营管理费，如机关工作人员工资、行政办公费、职工福利与教育经费、银行贷款利息等。

2. 工程费用与工期有密切关系

费用在一定的范围内，直接费用随着时间的延长而减少，而间接费用则随着时间的延长而增加。直接费用在一定的范围内和时间成反比。因为施工时要缩短时间，须采取加班加点多班制作业，增加许多非熟练工人，并且增加机械设备和材料以及照明费用等，所以直接费用也随之增加。然而工期缩短存在一个极限，也就是无论增加多少直接费用，也不能再缩短工期。此极限称为临界点，此时的时间为最短工期，此时的费用称为最短时间直接费用；反之，若延长时间，则可减少直接费用，然而时间延长至某一极限，则无论将工期延至多长，也不能再减少直接费用。此极限称为正常点。此时的工期称为正常工期，此时的费用称为最低费用或正常费用。

三、工程项目进度控制

（一）工程项目进度控制的基本原理

工程进度控制是一个不断变化的动态过程。在项目开始阶段，实际进度按照计划进度的规划进行运动，但由于外界因素的影响，实际进度的开展往往会与计划进度出现偏差，产生超前或滞后的现象。这时通过分析偏差产生的原因，采取相应的改进措施，调整原来的计划，使两者在新的起点上重合，并通过发挥组织管理作用，使实际进度继续按照计划进行。在一段时间后，实际进度和计划进度又会出现新的偏差。如此，工程进度控制出现了一个动态的调整过程。

为了对施工项目进度实施有效的控制，首先必须明确进度控制的基本环节，并采取不同的进度控制方式，使施工项目按期完成。

1. 工程进度控制的环节

工程进度的控制是一个不断进行的动态循环控制过程，是指在限定的工期内，以事先拟订的合理且经济的施工进度计划为依据，对整个施工过程的实施进行监督、检查、指导和纠正的行为过程，包括收集和整理进度资料、对计划进度和实际进度进行比较和分析、确定进度偏差、分析影响因素、采取措施等基本环节。

当实际进度按照计划进度进行时，两者相吻合。当实际进度与计划进度不一致时，便产生超前或落后的偏差。此时，须分析偏差的原因，采取相应的措施，调整原来的计划，使两者在新的起点上重合，继续按计划进行施工活动，并且尽量发挥组织管理的作用，使实际工作按计划进行。但是，在新的干扰因素作用下，进度又会产生新的偏差，因此进度控制是反复循环的过程。

2. 施工进度控制的方式

按照施工进展的阶段，工程施工进度控制方式可以分为前馈控制（事前控制）、过程控制（同步控制）和反馈控制（事后控制）。

（1）前馈控制

前馈控制主要是根据经验对工程施工过程中可能产生的偏差进行预测和估计，并采取相应的防范措施，尽可能地消除并缩小偏差的控制方式。这是一种防患于未然的控制方法。施工项目参与方不仅要审查和确认各自的进度目标和计划安排，而且要分析施工方案和技术方法的可行性，分析影响施工进度的各种风险因素，掌握主要关键线路上施工项目的资源配置，也要进一步分析非关键线路施工上的机动时间，留有余地。尤其重要的是，要对施工过程中可能的设计变更和地质条件的变化进行预测。

（2）过程控制

过程控制主要是根据施工进度的实际调查结果和收集的数据，分析计划值与实际值之间的偏差，协调各种影响，采取赶工措施或对计划进度进行调整的控制方式。实际调查和数据收集的方法包括：通过现场的值班记录，核算工程量的完成情况；通过定期例会、专题会、协调会和各级管理人员之间的会谈等措施，分析和通报工程施工进展状况。另外，除总体施工进度计划外，还应当根据施工项目的分解结构将年度计划分解成月计划、周计划和日计划，便于检查和落实。

（3）反馈控制

反馈控制是在工程施工的阶段性工作或全部工作结束后或出现进度偏差后进行纠偏的控制方式。反馈控制主要是通过对工程施工月度、季度和半年度的工程施工进度报告的分析，发现已完成施工中存在的进度问题以及对工期的影响，提交和处理工期索赔事宜，为下一阶段进度计划的前馈控制和过程控制提供决策依据。例如，进度延误、资源浪费、质量不合格、方案不合理等都将给工程进度带来一定的影响，需要采取事后补救措施。因此，反馈控制是一种被动而非主动采取的控制方法。

（二）进度控制的系统过程

在建设工程实施过程中，监理工程师应经常地、定期地对进度计划的进行情况进行跟踪检查，发现问题后，及时采取措施加以解决。

1. 进度计划执行中的跟踪检查

对进度计划中的执行情况进行跟踪检查是计划执行信息的主要来源，是进度分析和调整的依据，也是进度控制的关键步骤。跟踪检查的主要工作是定期收集反映工程实际进度的有关数据，收集的数据应当全面、真实、可靠，应认真做好以下三方面的工作：

第一，定期收集进度报表资料。进度报表是反映工程实际进度的主要方法之一。进度执行单位应按进度监理制度规定的时间和报表内容，定期填写进度报表。监理工程通过收集进度报表资料掌握实际进度情况。

第二，现场实地检查工程进展情况。派监理人员常驻现场，随时检查进度计划的实际情况，这样可以加强进度监测工作，掌握工程实际进度的第一手资料，使获取的数据更加及时、准确。

第三，定期召开现场会议。定期召开现场会议，监理工程师通过与进度计划执行单位的有关人员面对面地交谈，既可以了解工程实际进度状况，也可以协调有关方面的进度安排。

一般来说，进度控制的效果与收集数据资料的时间间隔有关。究竟多长时间进行一次进度检查，这是监理工程师应当确定的问题。如果不经常地、定期地收集实际进度数据，就难以有效地控制实际进度。进度检查的时间间隔与工程项目的类型、规模、监理对象及有关条件等多方面因素相关，可视工程的具体情况，每月、每半月或每周进行一次检查。特殊情况下，甚至需要每日进行一次进度检查。

2. 实际进度数据的加工处理

为了进行实际进度与计划进度的比较，必须对收集到的实际进度数据进行加工处理，形成与进度计划具有可比性的数据。例如，对检查时段实际完成工作量的进度数据进行整理、统计分析，确定本期累计完成的工作量及其占计划总工作量的百分比等。

3. 实际进度数据处理

将实际进度数据与计划进度数据进行比较，可以确定建设工程实际执行情况与计划目标之间的差距。为了直观反映实际进度偏差，通常采用表格或图形进行实际进度与计划进度的对比分析，从而得出实际进度比计划超前、滞后还是一致的结论。

4. 进度调整的系统过程

在建设工程实施进度监测过程中，一旦发现实际进度偏离计划进度，即出现进度偏差时，必须认真分析产生偏差的原因及其对后续工作和总工期的影响，必要时采取合理、有效的进度计划调整措施，确保进度总目标的实现。

（1）分析进度偏差产生的原因

通过实际进度与计划进度的比较，发现进度产生偏差时，为了采取有效措施调整进度计划，必须深入现场进行调查，分析产生进度偏差的原因。

（2）分析进度偏差对后续工作和总工期的影响

当查明进度偏差产生的原因之后，要分析进度偏差对后续工作和总工期的影响程度，以确定是否应采取措施调整进度计划。

（3）确定后续工作和总工期的限制条件

当出现的进度偏差影响到后续工作或总工期而需要采取进度调整措施时，应当首先确定可调整的进度范围，主要指关键节点、后续工作的限制条件以及总工期允许变化的范围。这些限制条件往往与合同条件有关，需要认真分析后确定。

（4）采取措施调整进度计划

采取进度调整措施，应以后续工作和总工期的限制条件为依据，确保要求的进度目标得到实现。

（5）实施调整后的进度计划

进度计划调整之后，应采取相应的组织、经济、技术措施执行它，并继续监测其执行情况。

第二节　水利建设工程项目施工成本管理

一、工程项目施工成本管理的基础知识

（一）项目成本管理认知

项目成本管理是整个项目管理领域的一个专项管理，随着现代项目管理的发展，项目成本的概念也有了很大的变化，已超出了传统工程造价的范畴。狭义的项目成本是指在为实现项目目标而开展的各种项目活动中因消耗资源而形成的花费。广义的项目成本还包括项目价值，即包括项目花费和项目新增的全部价值。

实际上，项目成本只是人们为实现项目价值而做的一种垫资或投资行为，在项目功能实现过程中所消耗和占有各种资源而形成的花费。从项目承包商的角度来说，他们需要花费工程项目成本，然后通过挣得项目造价而获利。从工程项目业主或投资人的角度来说，须投入项目造价而获得项目功能所体现的价值，所以不同项目的主体都有自己的项目成本和价值，但每一方都是为获得利益或好处而进行垫资。不管是谁的项目有成本与价值管理，其都是为了确定、控制、变更和节约项目成本并增加项目价值而开展的，都是为实现各自的项目目标和价值服务的。

科学的工程项目成本管理既是工程价值最大化方面的管理，也是工程成本最小方面的管理。实际上人们开展工程项目就是以最小的成本获得最大的价值。水利工程项目的成本管理要想取得良好效果，就必须从传统成本节约的管理模式中解放出来，利用现代成本效益观念对项目成本进行全面控制，利用投入与产出的比例和控制的全面性来衡量成本控制的好坏，强调成本责任和成本意识，通过提高成本效益和全面控制来达到成本控制的目的。要求付出尽可能少的成本，获得尽可能大的经济效益，但这并不是要求节省或减少成本支出，而是这些支出能不能给企业创造更大的经济效益。工程项目成本本身具有多重含

义，其具体体现是对不同的项目实施主体而言的，工程建设成本在业主是项目投资，在承包商是工程建设费用，以及在不同的项目实施阶段，工程建设成本表现形式多样。例如，在整个建设过程中，工程项目成本存在投资估算、设计概算、施工图预算、工程承包合同价、工程结算价及竣工决算等多种形式。

（二）工程项目成本及其类型

工程项目成本是指在建设工程项目的施工过程中所产生的全部生产费用的总和，包括：所消耗的原材料、辅助材料、构配件等费用；周转材料的摊销费或租赁费；施工机械的使用费或租赁费；支付给生产工人的工资、奖金、工资性质的津贴以及进行施工组织与管理所发生的全部费用支出等。

工程项目成本按性质划分为直接成本和间接成本。

直接成本是指建筑及安装工程施工过程中直接消耗在工程项目建设中的活劳动和物化劳动，由基本直接费和其他直接费组成。基本直接费包括人工费、材料费和施工机具使用费等。例如，如果购进一批材料全部用于某项目，该材料成本归属到直接成本。

间接成本是指在建筑、安装工程施工过程中构成建筑产品成本，但又无法直接计量的且消耗在工程项目中的有关费用。其由施工管理费、社会保障及企业计提费和财务费用组成。

（三）工程项目成本管理的任务

成本管理的任务主要有成本预测、成本计划、成本控制、成本核算、成本分析、成本考核。

1. 成本预测

成本预测是依据成本信息和工程项目的具体情况，运用一定的专门方法，对未来的成本水平及其发展趋势做出科学的估计，就是在工程施工前进行成本估算。通过成本预测，可以在满足项目业主和本企业要求的前提下，选择成本低、效益好的最佳成本方案，并能够在施工项目成本形成过程中，针对薄弱环节，加强成本控制，克服盲目性，提高预见性。因此，施工成本预测是施工项目成本决策与计划的依据。施工成本预测，通常是对施工项目计划工期内影响其成本变化的各个因素进行分析，比照近期已完工施工项目或将完工施工项目的成本（单位成本），预测这些因素对工程成本中有关项目（成本项目）的影响程度，预测出工程的单位成本或总成本。

2. 成本计划

成本计划是以货币形式编制施工项目在计划期内的生产费用、成本水平、成本降低率以及为降低成本所采取的主要措施和规划的书面方案。它是建立施工项目成本管理责任制、开展成本控制和核算的基础。此外，它还是项目降低成本的指导文件，是设立目标成本的依据，即成本计划是目标成本的一种形式。

3. 成本控制

成本控制是在施工过程中，对影响施工成本的各种因素加强管理，并采取各种有效措施，将施工中实际发生的各种消耗和支出严格控制在成本计划范围内；通过动态监控并及时反馈，严格审查各项费用是否符合标准，计算实际成本和计划成本之间的差异并进行分析，进而采取多种措施，减少并消除施工中的损失浪费。

合同文件和成本计划规定了成本控制的目标，进度报告、工程变更与索赔资料是成本控制过程中的动态资料。

成本控制的程序体现了动态跟踪控制的原理。成本控制报告可单独编制，也可以根据需要与进度、质量、安全等其他进展报告，做出综合进展报告。

建设工程项目施工成本控制应贯穿项目的投标阶段直至保证金返还的全过程，它是企业进行全面成本管理的重要环节。施工成本控制可分为事先控制、事中控制（过程控制）和事后控制。在项目的施工过程中，须按动态控制原理对实际施工成本进行有效控制。

4. 成本核算

成本核算是指工程项目在实施过程中所发生的各种费用和形成工程项目成本与计划目标成本，应在保持统计口径的前提下进行对比，找出差异。施工项目成本核算所提供的各种成本信息是成本预测、成本计划、成本控制、成本分析和成本考核等各个环节的依据。

5. 成本分析

成本分析是在工程成本跟踪核算的基础上，动态分析各种成本项目的节超原因。它贯穿工程项目成本管理的全过程，也就是说，工程项目成本分析主要是利用项目的成本核算资料（成本信息），与目标成本、承包成本以及类似的工程项目的实际成本等进行比较，了解成本的变动情况，同时也要分析主要经济指标成本的影响，系统地研究成本变动的因素，检查成本计划的合理性，通过成本分析，揭示成本变动的规律，寻找降低施工项目成本的途径。

6. 成本考核

成本考核就是工程项目完成后，对工程项目成本形成中的各责任者，按工程项目成本目标责任制的有关规定，按成本的实际指标与计划、定额、预算进行对比考核，评定施工成本计划的完成情况和各责任者的业绩，并据此给予奖励和处罚。

（四）工程项目成本管理的基础工作

成本管理的基础工作是多方面的，成本管理责任体系的建立是其中最根本、最重要的基础工作，涉及成本管理的一系列组织制度、工作程序、业务标准和责任制度的建立。

（五）工程项目成本管理的具体措施

为了取得施工成本管理的理想成效，应当从多方面采取措施实施管理，通常可以将这些措施归纳为组织措施、技术措施、经济措施和合同措施。

1. 组织措施

组织措施是在施工成本管理的组织方面采取的措施。施工成本控制是全员的活动，如实行项目经理责任制，落实施工成本管理的组织机构和人员，明确各级施工成本管理人员的任务和职能分工、权力和责任。施工成本管理不仅是专业成本管理人员的工作，各级项目管理人员都负有成本控制责任。

组织措施的另一方面是编制施工成本控制工作计划、确定合理详细的工作流程。要做好施工采购计划，通过生产要素的优化配置、合理使用、动态管理，有效控制实际成本；加强施工定额管理和施工任务单管理，控制活劳动和物化劳动的消耗；加强施工调度，避免因施工计划不周和盲目调度造成窝工损失、机械利用率降低、物料积压等问题。成本控制工作只有建立在科学管理的基础之上，具备合理的管理体制、完善的规章制度、稳定的作业秩序、完整准确的信息传递，才能取得成效。组织措施是其他各种措施的前提和保障，而且一般不需要增加额外的费用，运用得当可以获得良好的效果。

2. 技术措施

施工过程中降低成本的技术措施包括：进行技术经济分析，确定最佳的施工方案；结合施工方法，进行材料使用的比选，在满足功能要求的前提下，通过代用、改变配合比、使用外加剂等方法降低材料消耗的费用；确定最合适的施工机械、设备使用方案；结合项目的施工组织，设计利用自然地理条件，降低材料的库存成本和运输成本；应用先进的施工技术，运用新材料，使用先进的机械设备等。在实践中，也要避免仅从技术角度选定方案而忽视对其经济效果的分析论证这种情况。

技术措施不仅对解决施工成本管理过程中的技术问题是不可缺少的，而且对纠正施工成本管理目标偏差也有相当重要的作用。因此，运用技术纠偏措施的关键，一是要能提出多个不同的技术方案；二是要对不同的技术方案进行技术经济分析比较，选择最佳方案。

3. 经济措施

经济措施是最易为人们所接受和采用的措施。管理人员应编制资金使用计划，确定、分解施工成本管理目标。对施工成本管理目标进行风险分析，并制定防范性对策。对各种支出，应认真做好资金的使用计划，并在施工中严格控制各项开支。及时、准确地记录、收集、整理、核算实际支出的费用。对各种变更，应及时做好增减账、落实业主签证并结算工程款。通过偏差分析和未完工工程施工成本预测，可发现一些潜在的可能引起未完工程施工成本上升的问题，对这些问题应以主动控制为出发点，及时采取预防措施。由此可见，经济措施的运用绝不仅仅是财务人员的事情。

4. 合同措施

采用合同措施控制施工成本，应贯穿整个合同周期，包括从合同谈判开始到合同终结的全过程。对于分包项目，首先，应选用合适的合同结构，对各种合同结构模式进行分析、比较，在合同谈判时，要争取选用适合工程规模、性质和特点的合同结构模式。其次，在合同的条款中应仔细考虑一切影响成本和效益的因素，特别是潜在的风险因素。通过对引起成本变动的风险因素的识别和分析，采取必要的对策，如通过合理的方式增加承担风险的个体数量以降低损失的比例，并最终将这些策略体现在合同的具体条款中。还应分析不同合同之间的相互联系和影响，对每一个合同做总体和具体的分析。在合同执行期间，合同管理的措施既要密切关注对方合同执行的情况，以寻求合同索赔的机会；同时也要密切关注自己履行合同的情况，以防被对方索赔。

二、工程项目成本计划

由于工程项目周期长、规模大、造价高，产品的形成过程可以分为相互关联、相互作用的多个阶段。前序阶段的资金投入与策划直接影响到后续工作的进程与效果，资金的不断投入过程即项目费用逐步实现的过程。

工程项目成本的计划是指在对工程项目所需成本总额做出合理估计的前提下，为了确定项目实际执行情况的基准而把整个费用分配到各个工作单元上去。它是以货币形式编制工程项目在计划期内的生产费用、成本水平、成本降低率以及为降低成本所采取的主要措施和规划的书面方案；它是建立施工项目成本管理责任制、开展成本控制和核算的基础；它根据项目规模和施工方案确定人员、资金、资源的总量，根据项目的进度计划确定人员和资源的进场时间及相应的数量，确定资金的供应情况。根据确定的施工项目成本目标编制实施计划，以确定工程项目的计划费用。成本计划是工程项目建设全过程中进行成本控制的基本依据。它是对项目费用进行计划管理的工具，是施工项目降低成本的指导文件，也是设立目标成本的依据，既是全过程的管理又是一个动态控制的过程。

（一）编制工程项目成本计划的原则

积极的成本计划是对技术设计、合同、工期、实施方案的工程成本的预算，包含对不同方案的技术经济分析，实现全寿命期内投资费用和运营费用的最小化。为了使费用计划能够发挥积极作用，编制计划时应掌握以下原则：

1. 立足实际原则

编制成本计划要严格遵守国家的财经政策，严格按照成本开支范围，严格遵守成本计算规定。要结合工程特点，确定合理的施工程序与进度，科学地选择施工机械，优化人力资源管理，采用合理的方法和程序核算各项成本费用。要从企业的实际情况出发，充分挖掘企业潜力，使降低成本指标既积极可靠又切实可行。

2. 考虑其他相关资料原则

编制成本计划，必须与施工项目的其他各项计划，如施工组织设计、工程质量、资源配置计划等匹配，保持平衡。施工组织设计能够协调施工单位之间、单项工程之间、资源使用时间和资金投入时间的关系，有利于保证工期、保障质量、优化投资的整体目标的实现。施工项目管理部门要注意优化施工方案，合理组织施工；优化资源配置；提高项目管理班子素质，节约施工管理费用等。同时要避免为降低成本而偷工减料，忽视质量，片面增加劳动强度，忽视安全生产，忽视文明施工等。

另外，上述各项计划的确定，又影响着成本计划，都应考虑其适应降低成本的要求，而不能单纯考虑每一种计划本身的需要。

3. 考虑多种风险因素原则

编制成本计划，应考虑项目实施过程中可能出现的各种风险因素对资金使用计划的影响。如设计变更与工程量的调整、施工条件变化、有关施工政策规定的变化、建筑材料价格变化、不可抗力自然灾害以及多方面因素造成实际工期的变化等。因此，编制项目成本计划必须以各种先进的技术经济定额为依据，并针对工程的具体特点，以切实可行的技术组织措施做保证。同时，考虑计划工期与实际工期、计划投资与实际投资、资金供给与资金调度等多方面的关系。只有这样，才能使编制成本计划科学、合理。

4. 统一领导、分级管理原则

编制成本计划，应实行统一领导、分级管理的原则，以财务和计划部门为中心，发动全体职工共同总结降低成本的经验，找出降低成本的正确途径，使目标成本的制定和执行具有广泛的群众基础。

5. 弹性原则

应留有充分余地，保持目标成本的一定弹性。在制定期内，项目经理部的内部或外部技术的经济状况和供产销条件，很可能发生一些在编制计划时所未预料的变化，尤其是材料的市场价格千变万化，给计划拟订带来很大困难，因而在编制计划时应充分考虑到这些情况，使计划保持一定的适应能力。

此外，工程项目成本计划在工程项目实施方案确定和不断优化的前提下进行编制，因为不同实施方案将导致直接工程费、措施费和企业管理费的差异。

（二）成本计划编制的主要依据

1. 投标报价文件

投标报价文件是指承包商采取投标方式承揽工程项目时，计算和确定承包该工程的投标总价格。

2. 施工组织设计或施工方案

施工组织设计是用来指导施工项目全过程各项活动的技术、经济和组织的综合性文件，是施工技术与施工项目管理有机结合的产物，它能保证工程开工后的施工活动有序、高效、科学、合理地进行，并安全施工。

3. 价格

人工、机械使用费、材料市场价格，公司颁布的材料指导价格，公司内部的机械台班价格。

4. 资料

已签订的承包合同及有关资料，包括公司下达给项目的降低成本的计划和要求。

5. 项目生产要素的配置情况

生产要素优化配置，就是按照优化的原则，安排生产要素在时间和空间上的位置，使得人力、物力、财力等适应生产经营活动的需要，在数量、比例上合理，从而在一定的资源条件下实现最大的经济效益。项目是企业效益的源头，是企业各种生产要素的集结地，项目生产要素的优化配置是企业全部要素配置所要解决的关键问题，是实现企业有限资源的动态优化配置，取得最佳优化组合效应，进而实现企业最佳经济效益。因此，生产要素优化配置的最终目的是，最大限度地提高工程项目的综合经济效益，使之按时、优质、高效地完成。

6. 项目风险的影响

对工程项目中重大的不确定因素，通货膨胀、税率和兑换率变化、不利的地质条件等，应做出评价，应在计划成本中留出适当的余地，如风险准备金、合同中的暂定金额。

7. 技术经济指标

以往同类项目成本计划的实际执行情况及有关技术经济指标完成情况的分析资料。技术经济指标是对生产经营活动进行计划、组织、管理、指导、控制、监督和检查的重要工具。利用技术经济指标可以查明挖掘生产潜力，增强技术活动的经济效果，以合理利用机械设备、改善产品质量；可以评价各种技术方案，为技术经济决策提供依据。

（三）成本计划的基本类型

对于施工项目而言，其成本计划的编制是一个不断深化的过程。在这一过程的不同阶段形成深度和作用不同的成本计划，若按照其发挥的作用可以分为以下三类：

1. 竞争性成本计划

竞争性成本计划是施工项目投标及签订合同阶段的估算成本计划。这类成本计划以招标文件中的合同条件、投标者须知、技术规范、设计图纸和工程量清单为依据，以有关价格条件说明为基础，结合调研、现场踏勘、答疑等情况，根据施工企业自身的工料消耗标准、水平、价格资料和费用指标等，对本企业完成投标工作所需要支出的全部费用进行估算。在投标报价过程中，虽也着重考虑降低成本的途径和措施，但总体上比较粗略。

2. 指导性成本计划

指导性成本计划是选派项目经理阶段的预算成本计划，是项目经理的责任成本目标。它是以合同价为依据，按照企业的预算定额标准制订的设计预算成本计划，且一般情况下确定责任总成本目标。

3. 实施性成本计划

实施性成本计划是项目施工准备阶段的施工预算成本计划，它是以项目实施方案为依据，以落实项目经理责任目标为出发点，采用企业的施工定额，通过施工预算的编制而形成的实施性成本计划。

编制实施性成本计划的主要依据是施工预算，而施工预算是施工单位为了加强企业内部的经济核算，在施工预算的控制下，依据企业内部的施工定额，以建筑安装单位工程为对象，根据施工图纸、施工定额、施工及验收规范、标准图集、施工组织设计（或施工方案）编制的单位工程（或分部分项工程）施工所需的人工、材料和施工机械台班用量的技术经济文件。它是施工企业的内部文件，同时也是施工企业进行劳动调配、物资技术供应、控制成本开支、进行成本分析和班组经济核算的依据。施工预算不仅规定了单位工程（或分部分项工程）所需人工、材料和施工机械台班用量，还规定了工种的类型，工程材料的规格、品种，所需各种机械的规格，以便有计划、有步骤地合理组织施工，从而达到节约人力、物力和财力的目的。施工预算由编制说明和预算表格两部分组成，内容主要是以单位工程为对象，进行人工、材料、机械台班数量及其费用总和的计算。通过编制施工定额来确定施工成本计划。

（四）编制成本计划的程序及其内容

计划成本是指具体成本项目（成本对象）的预期成本值，成本计划需要清楚地列出项目各个成本对象的各项计划（预算）成本值。其结果和计算的依据应形成文件，并能追溯其来源。通过编制项目成本使用计划，合理确定工程造价施工阶段的目标值，使工程造价的控制有所依据，并为资金的筹集与协调打下基础；并且可以对未来工程项目的资金使用和进度控制有所预测，消除不必要的资金浪费和进度失控，使现有资金充分发挥作用；在工程项目的进行过程中，通过对成本使用计划的严格执行，可以有效地控制工程造价，最大限度地节省投资，提高投资效益。

第三节　水利建设工程项目施工质量管理

一、质量管理与质量控制的基础知识

（一）质量管理和质量控制的相关概念

1. 质量管理

质量管理的定义是在质量方面指挥和控制组织协调的活动。与质量有关的活动，通常包括质量方针和质量目标的建立、质量策划、质量控制、质量保证和质量改进等。所以，质量管理就是确定和建立质量方针、质量目标及职责，并在质量管理体系中通过质量策划、质量控制、质量保证和质量改进等手段来实施并实现全部质量管理职能的所有活动和目标。

工程项目质量管理是指在质量方面指导和控制组织的协调活动。质量管理方面的指导和控制活动通常包括制定质量方针和质量目标，以及进行质量策划、质量控制、质量保证和质量改进。这些活动构成质量管理的"闭环"。工程项目质量管理包括了承包方和发包方的质量管理。发包方质量管理的主要任务是确定工程项目的质量标准、编制质量计划、进行质量监督和验收等；承包方的质量管理与一般产品生产法的质量管理类似，主要活动包括确立质量方针和目标、进行质量策划和质量控制，以及质量保证和质量的持续改进。

施工质量管理是指在工程项目施工安装和竣工验收阶段，指挥和控制施工组织关于质量的相互协调的活动，是工程施工项目围绕着使施工产品满足质量要求而开展的策划、组织、计划、实施、检查、监督和审核等所有管理活动的总和。它是工程项目施工各级职能部门领导的共同职责，而工程项目施工的最高领导即施工项目经理应负全责。施工项目经理必须调动与施工质量有关的所有人员的积极性，共同做好本职工作，才能完成施工质量管理的任务。

2. 质量控制

关于质量控制的定义是：质量控制是质量管理的一部分，致力于满足质量要求的一系列相关活动。

质量控制包括采取作业技术和进行管理活动。作业技术是直接产生产品或服务质量的条件，但并不是只要具备相关作业技术能力就能产生合格的质量，在社会化大生产的条件下，还必须通过科学的管理来组织协调作业技术活动的过程，以充分发挥其质量形成能力，实现预期的质量目标。

质量控制的目标就是确保产品的质量能满足顾客、法律法规等方面所提出的质量要求。质量控制的范围涉及产品质量形成全过程的各个环节。任何一个环节的工作没做好，都会使产品质量受到损害，从而不能满足质量的要求。因此，质量控制是通过采取一系列的作业技术和措施对各个过程实施控制。

3. 质量管理与质量控制的关系思辨

质量管理包括质量控制，质量控制是质量管理的一部分而不是全部，通过对与质量相关的环节因素进行合理分析并进行适宜的控制，以确保在成本一定的前提下质量的稳定和提升。

质量管理与质量控制的区别在于概念不同、职能范围不同和作用不同。质量管理是指确立质量方针及实施质量方针的全部职能及工作内容，并对其工作效果进行评价和改进的一系列工作；质量控制是在明确的质量目标和具体方针的条件下，通过行动方案和资源配置的计划、实施、检查和监督，进行对质量目标的事前预控、事中控制和事后纠偏控制，实现预期质量目标的系统过程。质量管理是宏观的管理，而质量控制是微观具体的管理手段。

(二) 全面质量管理

全面质量管理（Total Quality Management，简称 TQM）是指一个组织以质量为中心，以全员参与为基础，目的在于通过顾客满意和本组织所有成员及社会受益而达到长期成功的管理途径。具体说，它就是根据提高产品（工程）质量的要求，充分发动全体职工，综合运用现代科学和管理技术的成果，把积极改善组织管理、研究专业技术和应用数理统计等科学方法结合起来，实现对生产（施工）全过程各因素的控制，多快好省地研制和生产（施工）出用户满意的优质产品（工程）的一套科学管理方法。全面质量管理代表了质量管理发展的最新阶段。20世纪80年代后期以来，全面质量管理得到了进一步的扩展和深化，逐渐由早期的全面质量控制（Total Quality Control，简称 TQC）演化为 TQM，其含义远远超出了一般意义上的质量管理，而成为一种综合的、全面的经营管理方式和理念。我国从20世纪70年代推行全面质量管理以来，其在理论和实践上都有一定的发展，并取得了成效，这为在我国贯彻实施 ISO 9000 族国际标准奠定了基础；反之，ISO 9000 族国际标准的贯彻和实施又为全面质量管理的深入发展创造了条件。应该在推行全面质量管理和贯彻实施 ISO 9000 族国际标准的实践中，进一步探索、总结和提高全面质量管理经验，为形成有中国特色的全面质量管理而努力。

全面质量管理的定义为：一个组织以质量为中心，以全员参与为基础，目的在于通过让顾客满意和本组织所有成员及社会受益而达到长期成功的管理途径。这一定义反映了全面质量管理概念的最新发展，也得到了质量管理界的广泛认同。全面质量管理的基本思想，是通过一定的组织措施和科学手段来保证企业经营管理全过程的工作质量，以工作质量来保证产品（工程）质量，提高企业的经济效益和社会效益。我国专家总结实践中的经验，提出了"三全一多样"的观点，即推行全面质量管理，必须满足"三全一多样"的基本要求。

"三全"管理，即全面的质量管理、全过程的质量管理和全员参加的质量管理。"一多样"管理，即多方法的质量管理。

（三）质量管理的 PDCA 循环

质量管理工作的运转方式是 PDCA 循环，即质量管理工作体系按计划（Plan）、实施（Do）、检查（Check）、处理（Action）的四个阶段，开展企业管理工作。

（四）质量控制体系

工程项目施工质量控制过程既有施工承包方的质量控制职能，也有业主方、设计方、监理方、供应方及政府的工程质量监督部门的控制职能，它们具有各自不同的地位、责任和作用。施工承包方和供应方在施工阶段是质量自控主体，不能因为监控主体的存在和监控责任的实施而减轻或免除它们的质量责任。业主、监理、设计方及政府的工程质量监督部门，在施工阶段依据法律和合同对自控主体的质量行为和效果实施监督控制。自控主体和监控主体在施工全过程中相互依存、各司其职，共同推动着施工质量控制过程的发展和最终工程质量目标的实现。

（五）施工质量控制的系统过程

施工阶段的质量控制是一个经由对投入的资源和条件的质量控制（事前控制），进而对生产过程及各环节质量进行控制（事中控制），直到对所完成的工程产出品的质量检验与控制（事后控制）为止的全过程的系统控制过程。这个过程可以根据在施工阶段工程实体质量形成的时间阶段不同来划分，也可以根据施工阶段工程实体形成过程中物质形态的转化来划分。

（六）不同阶段质量控制的内容

1. 事前控制

事前质量控制内容是指正式开工前所进行的质量控制工作。施工企业在事前控制时要预先制订周密的质量计划。具体在施工阶段，制订质量计划或编制施工组织设计或施工项目管理实施规划（目前通常三种方式并用），制订的质量计划或编制施工组织设计或施工项目管理实施规划必须切实可行，能有效实现预期质量目标，将其作为行动方案进行施工部署。

目前，很多施工企业，往往把项目经理责任制曲解成"以包代管"的模式，或直接外包给个人（包括技术管理），忽略了技术质量管理的系统控制，失去企业整体技术或管理经验对项目施工计划的指导和支撑作用，这将造成质量预控的先天性缺陷。

事前控制，其内涵包括两层意思：一是强调质量目标的计划预控；二是按质量计划进行质量活动前的准备工作状态的控制。

2. 事中控制

事中控制首先是对质量活动的行为约束，即对质量产生过程中各项技术作业活动操作在相关制度管理下的自我行为约束的同时，充分发挥其技术能力，去完成预定质量目标的作业任务；其次是对质量活动过程和结果，来自他人的监督控制，包括来自企业内部管理者的检查检验和来自企业外部的工程监理和政府质量监督部门等的监控。

事中控制虽然包括自控和监控两大环节，但其关键还是要增强质量意识，发挥操作者的自我约束和自我控制作用，即坚持质量标准是根本，监控或他人控制是必要的补充，没有前者或用后者取代前者都是不正确的，施工企业不应将质量控制的主要任务转嫁给监理或其他监督部门。因此，在施工企业组织的质量活动中，通过监督机制和激励机制相结合的管理方法来发挥操作者更好的自我控制能力，以达到质量控制的效果，是非常必要的。施工企业只有通过建立质量体系实施才能达到事中控制的目的。

3. 事后控制

事后控制包括对质量活动结果的评价认定和对质量偏差的纠正。从理论上分析，如果计划预控过程中所制订的行动方案考虑得越周密，事中约束监控的能力越强，实现质量预期目标的可能性就越大，理想的状况就是希望做到各项作业活动"一次成功""一次交验合格率100%"，但客观上相当部分的工程不可能达到，因为在实施过程中不可避免地会存在一些在计划时难以预料的影响因素，包括系统因素和偶然因素。因此当质量实际值与目标值之间超出允许偏差时，必须分析原因采取措施纠正偏差，保持质量处于受控状态。

事前控制、事中控制及事后控制，不是孤立和截然分开的，它们之间构成有机的系统过程，实质上也就是 PDCA 循环具体化，并在每一次滚动循环中不断提高，达到质量管理或质量控制的持续改进。

二、工程项目质量的影响因素

工程项目施工是一种物质生产活动，这个活动最终的产品是看得见摸得着的工程实体，因此，影响项目质量的因素主要可以归纳为以下五方面，即人、材料、设备、方法和环境。这五方面的因素构成的施工生产要素是施工质量形成的物质基础，具体包括：第一，劳动主体——人员素质，即作为劳动主体的作业者、直接参与施工的管理者的素质及其组织效果；第二，劳动对象——建筑材料、半成品、工程用品、设备等的质量；第三，劳动手段——工具、模具、施工机械、设备等的性能；第四，劳动方法——采取的施工工艺及技术措施的水平；第五，施工环境现场水文、地质、气象等自然环境，通风、照明、安全等作业环境以及协调配合的管理环境的好坏。有效控制这五方面因素是确保工程施工阶段质量合格的关键。

(一) 劳动主体

工程质量取决于工序质量和工作质量，工序质量又取决于工作质量，而工作质量直接取决于参与工程建设各方所有人员的技术水平、文化修养、心理行为、职业道德、质量意识、身体条件等因素。人是质量活动的主体，对建设工程项目而言，人是泛指与工程有关的单位、组织和个人，包括以下内容：第一，建设单位；第二，勘察设计单位；第三，施工承包单位；第四，监理及咨询服务单位；第五，政府主管及工程质量监督、检测单位；第六，策划者、设计者、作业者、管理者等。

施工企业必须坚持推行执业资格注册制度和作业人员持证上岗制度。对所选派的施工项目领导者、组织者进行教育和培训，使其质量意识和组织管理能力能满足施工质量控制的要求。对所属施工队伍进行全员培训，加强质量意识的教育和技术训练，提高每个作业者的质量活动能力和自控能力。对分包单位进行严格的资质考核和施工人员的资格考核，其资质、资格必须符合相关法规的规定，并与其分包的工程相适应。

（二）劳动对象

原材料、半成品、设备是构成实体的基础，其质量是工程项目实体质量的组成部分。因此加强原材料、半成品、设备的质量控制，不仅是提高工程质量的必要条件，也是实现工程项目投资目标和进度目标的前提。施工企业应根据施工需要建立并实施建筑材料、构配件和设备管理制度。

（三）劳动手段

施工设备质量控制的目的，在于为施工提供性能好、效率高、操作方便、安全可靠、经济合理且数量足够的施工设备以保证施工团队按照合同规定的工期和质量要求，完成建设项目施工任务。施工企业应从施工设备的选择、使用管理和保养、施工设备性能参数的要求三方面加以控制。

（四）施工方法

这里所指的方法控制，包含工程项目整个建设周期内所采取的技术方案、工艺流程、组织措施、检测手段、对施工组织设计等的控制。

施工工艺的先进合理是直接影响工程质量、工程进度及工程造价的关键因素，施工工艺的合理可靠也直接影响到工程施工安全。因此，在工程项目质量控制系统中，制订和采用技术先进、经济合理、安全可靠的施工技术工艺方案，是工程质量控制的重要环节。

（五）环境因素

环境的因素主要包括施工现场自然环境因素、施工管理环境因素和劳动作业环境因素。环境因素对工程质量的影响，具有复杂多变和不确定的特点，具有明显的风险性。要减少其对施工质量的不利影响，主要采取预测预防的风险控制方法。

三、工程项目施工质量控制

（一）施工阶段的质量控制目标

施工质量控制的总体目标是贯彻执行建设工程质量法规和强制性标准，正确配置施工生产要素并采用科学管理的方法，达到工程项目预期的使用功能和质量标准。这是建设工程参与各方面共同的责任。

建设单位的质量控制目标是通过施工全过程的全面质量监督管理、协调和决策，保证竣工项目达到投资决策所确定的质量标准。

设计单位在施工阶段的质量控制目标，是通过对施工质量的验收签证、设计变更控制及纠正施工中所发现的设计问题，采纳变更设计的合理化建议等，保证竣工项目的各项施工结果与设计文件（包括变更文件）所规定的标准相一致。

施工单位的质量控制目标是通过全过程的全面质量自控，保证交付满足施工合同及设计文件所规定的质量标准（含工程质量创优要求）的建设工程产品。

供货单位的控制目标是建筑材料、设备、构配件等供应厂商，其应按照采购供货合同约定的质量标准提供货物及其质量保证、检验试验单据、产品规格和使用说明书，以及其他必要的数据和资料，并对其产品质量负责。

监理单位在施工阶段的质量控制目标是，通过审核施工质量文件、报告报表及现场旁站检查、平行检测、施工指令和结算支付控制等手段的应用，监控施工承包单位的质量活动行为，协调施工关系，正确履行工程质量的监督责任，以保证质量达到施工合同和设计文件所规定的质量标准。

（二）施工准备的质量控制

施工企业应依据工程项目质量管理策划的结果进行施工准备。施工企业应按规定向监理方或发包方进行报审、报验。施工企业应确认项目施工已具备开工条件，按规定提出开工申请，经批准后方可开工。

1. 施工企业组织机构和人员

（1）建立健全项目管理组织机构

施工企业最高管理者应确定适合施工企业自身工程特点的质量管理体系组织机构项目经理部，合理划分管理层次和职能部门，确保各项活动高效、有序地运行。施工企业项目经理部的设置均应与质量管理制度相一致。施工企业应根据质量管理的需要，明确管理层次，设置相应的部门和岗位。施工企业应在各管理层次中明确质量管理的组织协调部门和岗位，并规定其职责和权限。项目经理部应配备相应质量管理人员，规定相应的职责和权限并形成文件。

施工企业最高管理者在质量管理方面的职责和权限应包括组织制定质量方针和目标、建立质量管理的组织机构、培养和增强员工的质量意识、建立施工企业质量管理体系并确保其有效实施、确定和配备质量管理所需的资源、评价并改进质量管理体系。

施工企业应规定各级专职质量管理部门和岗位的职责和权限，形成文件并传递到各管理层次。施工企业应规定其他相关职能部门和岗位的质量管理职责和权限，形成文件并传递到各管理层次。施工企业应以文件的形式公布组织机构的变化和人员职责的调整，并对相关的文件进行更改。

（2）加强项目部人员管理

施工企业应建立并实施人力资源管理制度，施工企业的人力资源管理应满足质量管理需要，应根据质量管理长远目标制订人力资源发展规划。施工企业应以文件的形式确定与质量管理岗位相适应的任职条件，包括专业技能、所接受的培训及所取得的岗位资格、能力、工作经历，应按照岗位任职条件配置相应的人员。项目经理、施工质量检查人员、特种作业人员等应按照国家法律法规的要求持证上岗。施工企业应建立员工绩效考核制度，规定考核的内容、标准、方式、频度，并将考核结果作为资源管理评价和改进的依据。

施工企业应识别培训需求，根据需要制订员工培训计划，对培训对象、内容、方式及时间做出安排。施工企业对员工的培训应包括：质量管理方针、目标、质量意识，相关法律法规和标准规范，施工企业质量管理制度，专业技能和继续教育。施工企业应对培训效果进行评价，并保存相应的记录，将评价结果应用于增强培训的有效性。

施工企业应做到组织机构完备，技术与管理人员熟悉各自的专业技术，有类似工程的长期经历和丰富经验，能够胜任所承包项目的施工、完工与工程保修；配备有能力对工程进行有效监督的工长和领班；投入顺利施工所需的技工和普工。施工企业必须保证施工现场具有技术合格和数量足够的下述人员：①具有合格证明的各类专业技工和普工；②具有相应理论、技术知识和施工经验的各类专业技术人员及有能力进行现场施工管理和指导施工作业的工长；③具有相应岗位资格的管理人员。

技术岗位和特殊工种的工人均必须持有通过国家或有关部门统一考试或考核的资格证明，经监理机构审查合格者才准上岗，如爆破工、电工、焊工等工种均要求持证上岗。

2. 施工企业工地试验室和试验计量设备

施工企业检测试验室必须具备与所承接工程相适应并满足合同文件和技术规范、规程、标准要求的检测手段和资质。施工企业在工地建立的试验室，包括试验设备和用品、试验人员数量和专业水平，核定其试验方法和程序等。施工企业应按合同规定及相应规范进行各项材料试验。施工企业工地试验室应具有符合要求的检测试验室的资质文件（包括资格证书、承担业务范围及计量认证文件）。检测试验室人员配备情况（专业或工种等）满足工程项目试验需要。检测试验室仪器设备数量足够、性能完好，仪器仪表均已确认完好无损，并具有检验合格证。试验室具有各类检测、试验记录表和报表的式样。试验室制定了检测试验人员守则及试验室工作规程。

3. 施工企业进场施工设备

为了保证施工的顺利进行，施工企业在开工前应将施工设备准备完好，具体要求如下：

一是施工企业进场施工设备的数量和规格、性能以及进场时间应能满足施工需要。

二是施工企业应按照施工组织设计保证施工设备按计划及时进场。应避免不符合要求的设备被投入使用。在施工过程中，施工企业应对施工设备及时进行补充、维修、维护，以满足施工需要。

三是旧施工设备进入工地前，施工企业应对该设备的使用和检修记录进行检查，并由具有设备鉴定资格的机构进行检修并出具检修合格证。

4. 对基准点、基准线和水准点的复核和工程放线

施工企业应及时申请监理组织勘察设计单位提供测量基准点、基准线和水准点及其平面资料，并由"勘察、设计、监理、建设、施工"等单位会签《工程测量交桩签证单》。施工企业应依此基准点、基准线以及国家测绘标准和工程项目精度要求，测设自己的施工控制网，并将资料报送监理审批。施工企业应负责施工过程中的全部施工测量工作，包括地形测量、放样测量断面测量、支付收方测量和验收测量等，并应由施工企业自行配置合格的人员、仪器、设备和其他物品。施工企业在各项目施工测量前还应编制措施方案。

施工企业应负责管理好施工控制网点，若设备有丢失或损坏情况，应及时修复，其所需管理和修复费用由施工企业承担。

5. 对原材料、构配件的检查

施工企业进场原材料、构配件的质量、规格、性能应符合有关技术标准和技术条款的要求，原材料的储存量应满足工程开工及随后施工的需要。

6. 施工辅助设施的准备

砂石料生产系统的配置，是根据工程设计图纸的混凝土用量及各种混凝土的级配比例，计算出各种规格混凝土骨料的需用量，主要考虑日最大强度及月最大强度，确定系统设备的配置。砂石厂应设在料场附近；多料场供应时，应设在主料场附近；经论证也可分别设厂；砂石利用率高、运距近、场地许可时，也可设在混凝土工厂附近。主要设施的地基应稳定，有足够的承载力。混凝土拌和系统选址，尽量选在地质条件良好的部位，拌和系统布置注意进出料高程、运输距离、生产效率。

对于场内交通运输，对外交通方案确保施工工地与国家或地方公路、铁路车站、水运港口之间的交通联系，具备完成施工期间外来物资运输任务的能力。场内交通方案确保施

工工地内部各工区、当地材料场地、堆渣场、各生产区、各生活区之间的交通联系，主要道路与对外交流衔接。

工地施工用水、生活用水和消防用水的水压、水质应满足相应的规定。施工供水量应满足不同时期日高峰生产用水和生活用水需要，并按消防用水量进行校核；生活和生产用水宜按水质要求、用水量、用户分布、水源、管道和取水建筑物的布置情况，通过技术经济比较后确定集中或分散供水。

各施工阶段用电最高负荷宜按需要系数法计算。通信系统组成与规模应根据工程规模的大小、施工设施布置及用户分布情况确定。

7. 施工企业分包人的管理

施工企业应建立并实施分包管理制度，明确各管理层次和部门在分包管理活动中的职责和权限，对分包方实施分类管理，并分类制定管理制度。施工企业应对分包工程承担相关责任。

（1）分包方的选择和分包合同

施工企业应按照管理制度中规定的标准和评价办法，根据所需分包内容的要求，经评价依法通过适当方法（如招标、组织相关职能部门实施评审、分包方提供的资料评价、分包方施工能力现场考察）选择合适的分包方，并保存评价和选择分包方的记录。对分包方的评价内容应包括经营许可和资质证明，专业能力，人员结构和素质，机具装备，技术、质量、安全、施工管理的保证能力，工程业绩和信誉。

（2）分包项目实施过程的控制

施工企业应在分包项目实施前对从事分包的有关人员进行分包工程施工或服务要求的交底，审核批准分包方编制的施工或服务方案，并据此对分包方的施工或服务条件进行确认和验证，包括：确认分包方从业人员的资格与能力；验证分包方的主要材料、设备和设施。

施工企业对项目分包管理活动的监督和指导应符合分包管理制度的规定和分包合同内容的约定。施工企业应对分包方的施工和服务过程进行控制，包括：对分包方的施工和服务活动进行监督检查，发现问题及时提出整改要求并跟踪复查；依据规定的步骤和标准对分包项目进行验收。

施工企业应对分包方的履约情况进行评价并保存记录，作为重新评价、选择分包方和改进分包管理工作的依据。施工企业应采取切实可行的措施，防止分包方将分包工程再分包。

（三）施工过程的质量控制

1. 技术交底

做好技术交底是保证施工质量的重要措施之一。项目开工前应由项目技术负责人向承担施工的负责人或分包人进行书面技术交底，技术交底资料应办理签字手续并对其归档保存。每一分部工程开工前均应进行作业技术交底。技术交底书应由施工项目技术人员编制，并经项目技术负责人批准实施。技术交底的内容主要包括：任务范围、施工方法、质量标准和验收标准，施工中应注意的问题，可能出现意外的预防措施及应急方案，文明施工和安全防护措施以及成品保护要求等。技术交底应围绕施工材料、机具、工艺、工法、施工环境和具体的管理措施等方面进行，应明确具体的步骤、方法、要求和完成的时间等。技术交底的形式有书面、口头、会议、挂牌、样板、示范操作等。

2. 测量控制

项目开工前应编制测量控制方案，经项目技术负责人批准后实施。对相关部门提供的测量控制点应在施工准备阶段做好复核工作，经审批后进行施工测量放线，并保存测量记录。在施工过程中应对设置的测量控制点、线妥善保护，不准擅自移动。施工过程中必须认真进行施工测量复核工作，这是施工单位应履行的技术工作职责，其复核结果应报送监理工程师复验确认后，方能进行后续相关工序的施工。

3. 计量控制

计量控制是工程项目质量保证的重要内容，是施工项目质量管理的一项基础工作。施工过程中的计量工作，包括施工生产时的投料计量、施工测量、监测计量以及对项目、产品或过程的测试、检验、分析计量等。其主要任务是统一计量单位制度，组织量值传递，保证量值统一。计量控制的工作重点包括：建立计量管理部门并配置计量人员；建立健全计量管理的规章制度；严格按规定有效控制计量器具的使用、保管、维修和检验；监督计量过程的实施，保证计量的准确。

4. 工序施工控制

施工过程是由一系列相互联系与制约的工序构成，工序是人、材料、机械设备、施工方法和环境因素对工程质量综合起作用的过程，所以对施工过程的质量控制，必须以工序质量控制为基础和核心。因此，工序的质量控制是施工阶段质量控制的重点。只有严格控制工序质量，才能确保施工项目的实体质量。工序施工质量控制主要包括工序施工条件质量控制和工序施工效果质量控制。

5. 特殊过程的质量控制

特殊过程是指该施工过程或工序的施工质量不易或不能通过其后的检验和试验而得到充分的验证，或者发生质量事故而难以挽救的施工过程。特殊过程的质量控制是施工阶段质量控制的重中之重，对在项目质量计划中界定的特殊过程，应设置工序质量控制点，抓住影响工序施工质量的主要因素进行强化控制。

6. 成品保护的控制

成品保护一般是指在项目施工过程中，某些部位已经完成，而其他部位还在施工，在这种情况下，施工单位必须负责对已完成部分采取妥善的措施进行保护，以免因成品缺乏保护或保护不善而受到损伤或污染，影响工程的整体质量。加强成品保护，首先要加强教育，增强全体员工的成品保护意识，同时要合理安排施工顺序，采取有效的保护措施。

成品保护的措施一般有防护（就是提前保护，针对被保护对象的特点采取各种保护的措施，防止对成品的污染及破坏）、包裹（就是将被保护物包裹起来，以防损伤或污染）、覆盖（就是用表面覆盖的方法，防止堵塞或损伤）、封闭（就是采取局部封闭的办法进行保护）等方法。

四、工程项目施工质量验收

工程项目施工质量验收是施工质量控制的重要环节，其内容包括施工过程的工程质量验收和施工项目竣工质量验收。

（一）施工过程质量验收

工程施工过程质量验收是工程项目质量控制的重要环节。不同类型工程其施工质量验收办法略有差异。

（二）竣工质量验收

施工项目竣工质量验收是施工质量控制的最后一个环节，是对施工过程质量控制成果的全面检验，是在终端把关方面进行质量控制。未经验收或验收不合格的工程，不得交付使用。

第四节 水利建设工程项目施工安全管理

一、工程项目安全管理的基础知识

（一）工程项目安全管理的定义

工程项目安全管理是指工程项目在施工过程中，组织安全生产的全部管理活动。通过对生产要素具体的状态控制，减少或消除生产中不安全的行为和状态，不引发事故，尤其是不引发使人受到伤害的事故。工程项目要实现以经济效益为中心的工期、成本、质量、安全等的综合管理，就要对与实现效益相关的生产因素进行有效的控制。

安全生产是工程项目重要的控制目标之一，也是衡量工程项目管理水平的重要标志。因此，工程项目必须把实现安全生产当作组织工程活动时的重要任务。

（二）安全管理的目标分析

1. 安全目标

第一，控制并杜绝人员因工负伤和死亡的事故（负伤频率在6‰以下，死亡率为零）。

第二，一般事故频率控制目标（通常在6‰以内）。

第三，无重大设备、火灾和中毒事故。

第四，无环境污染和严重扰民事件。

2. 管理目标

第一，及时消除重大事故隐患，一般隐患整改率达到目标（不应低于95%）。

第二，扬尘、噪声、职业危害作业点合格率应为100%。

第三，保证施工现场达到当地省（市）级文明安全工地。

3. 工作目标

第一，施工现场实现全员安全教育，要求特种作业人员持证上岗率达到100%，操作人员三级安全教育率达100%。

第二，按期开展安全检查活动，隐患整改达到"五定"要求，即定整改责任人、定整改措施、定整改完成时间、定整改完成人、定整改验收入。

第三，必须把好安全生产的"七关"要求，即教育关、措施关、交底关、防护关、文明关、验收关、检查关。

第四，认真开展重大安全活动和施工项目的日常安全活动。

第五，安全生产达标合格率为100%，优良率在80%以上。

（三）安全管理的基本原则

施工现场的安全管理主要是组织实施企业进行安全管理规划、指导、检查和决策。为了有效地将生产因素的状态控制好，在实施安全管理过程中，必须正确处理五种关系，坚持六项基本管理原则。

1. 正确处理五种关系

（1）安全与危险并存

安全与危险在同一事物运动中是相互对立、相互依赖的。随着事物的运动变化，安全与危险每时每刻都在变化着，二者进行着此消彼长的斗争。

（2）安全与生产的统一

如果生产中人、物、环境都处于危险状态，则生产无法顺利进行。因此，安全是生产的客观要求。就生产的目的性来说，组织好安全生产就是对国家、人民和社会最大负责的表现。

（3）安全与质量的交互关系

从广义上看，质量包含安全工作质量，安全概念中也涉及质量，两者存在交互作用，互为因果，安全第一，质量第一，两个第一并不矛盾。安全第一是从保护生产因素的角度提出的，而质量第一则是从关心产品成果的角度强调的。

（4）安全与速度并存

在项目进展中，安全与速度呈正比关系，速度应以安全做保障，安全就是速度。因此，应追求安全加速度，竭力避免安全减速度。

（5）安全与效益的兼顾

在安全管理中，投入要适度、适当，精打细算，统筹安排。既要保证安全生产，又要保证生产经济合理，还要考虑力所能及。

2. 坚持六项基本管理原则

（1）管生产同时管安全

安全寓于生产之中，并对生产发挥促进与保证作用。因此，安全与生产有时虽会出现矛盾，但安全、生产管理的目标、目的，表现出高度的一致和完全的统一。

（2）坚持安全管理的目的性

安全管理的内容是对生产中的人、物、环境因素状态的管理，有效地控制人的不安全行为和物的不安全状态，消除或避免事故，达到保护劳动者安全与健康的目的。

（3）必须贯彻以预防为主的方针

安全生产的方针是"安全第一、预防为主"。安全第一是从保护生产力的角度和高度，表明在生产范围内安全与生产的关系，肯定安全在生产活动中的位置和重要性。

（4）坚持"四全"动态管理

安全管理涉及生产活动的方方面面，涉及从工程开工到竣工交付的全部生产过程，涉及全部的生产时间，涉及一切变化着的生产因素。因此，生产活动中必须坚持全员、全过程、全方位、全天候的动态安全管理。

（5）安全管理重在控制

安全管理的主要内容虽然都是为了达到安全管理的目的，但是对生产因素状态的控制与安全管理目的的关系更直接，显得更为突出。因此，对生产中人的不安全行为和物的不安全状态的控制，必须被看作是动态安全管理的重点。

（6）在管理中发展提高

既然安全管理是在变化着的生产活动中的管理，是一种动态过程，就意味着其管理是不断发展、不断变化的，以适应变化的生产活动，清除新的危险因素。然而更为重要的是不间断地摸索新的规律，总结管理、控制的办法与经验，指导新的变化后的管理，从而使安全管理不断上升到新的高度。

（四）安全管理的主要内容

第一，安全管理要点，如安全生产许可证，各类人员持证上岗，安全培训记录，安全生产保证体系等。

第二，安全生产管理制度，如安全生产责任制度、安全教育培训制度、安全技术管理制度、安全检查制度等。

第三，认真进行施工安全检查，实行班组安全自检、互检和专检相结合的方法，做好安全检查、安全验收。

第四，安全事故管理，如安全事故报告、现场保护、事故调查与处理等。

第五，施工现场的环境保护、文明施工、消防安全等的管理。

二、安全生产管理的预警体系

（一）安全生产管理预警体系的要素

事故的发生和发展是由于人的不安全行为、物的不安全状态以及管理的缺陷等方面相互作用的结果。因此在事故预防管理上，可针对事故特点建立事故预警体系。对各种类型事故预警的管理过程可能不同，但预警的模式具有一致性。在构建预警体系时，须遵循信息论、控制论、决策论以及系统论的思想和方法，科学建立标准化的预警体系，保证预警的上下统一和协调。

一个完整的预警体系应由外部环境预警系统、内部管理不良预警系统、预警信息管理系统和事故预警系统四个部分构成。

1. 外部环境预警系统

（1）自然环境突变的预警

进行生产活动的自然环境突变诱发的事故主要是自然灾害以及人类活动造成的破坏。

（2）政策法规变化的预警

国家对行业政策的调整、法规体系的修正和变更，对安全生产管理的影响非常大，应经常对其检测。

（3）技术变化的预警

现代安全生产一个重要标志是对科学技术进步的依赖越来越大，因而预警体系也应当关注技术创新、技术标准变动的预警。

2. 内部管理不良预警系统

（1）质量管理预警

企业质量管理的目的是生产出合格的产品（工程），基本任务是确定企业的质量目标，制订企业规划并建立健全企业的质量保证体系。

（2）设备管理预警

设备管理预警对象是生产过程的各种设备的维修、操作、保养等活动。

（3）人的行为活动管理预警

事故发生诱因之一是人的不安全行为，对人的行为活动预警主要是针对思想上的疏忽、知识和技能欠缺、性格上的缺陷、心理和生理弱点等。

3. 预警信息管理系统

预警信息管理系统以管理信息系统（Management Information System，简称 MIS）为基础，专用于预警管理的信息管理，主要是监测外部环境与内部管理的信息。预警信息的管理包括信息收集、处理、辨伪、存储、推断等过程。

4. 事故预警系统

事故预警系统是综合运用事故致因理论（如系统安全理论）、安全生产管理原理（如预防原理），以对事故预防和控制为目的，通过对生产活动和安全管理过程中各种事故征兆的监测、识别、诊断与评价，以及对事故严重程度和发生可能性的判别给出安全风险预警级别，并根据预警分析的结果对事故征兆的不良趋势进行矫正、预防与控制。当事故难以控制时，及时做出警告，并提供对策措施和建议。

（二）预警体系的建立

预警体系是以事故现象的成因、特征及其发展作为研究对象，运用现代系统理论和预警理论，构建对灾害事故能够起到"免疫"作用，并能够预防和"矫正"各种事故现象的一种"自组织"系统，它是以警报为导向，以"矫正"为手段，以"免疫"为目的的防错、纠错系统。

1. 预警体系建立的原则

（1）及时性

预警体系的出发点就是当事故还在萌芽状态时，就通过细致的观察、分析，提前做好各种防范的准备，及时发现、及时报告、及时采取有效措施对其加以控制和消除。

（2）全面性

对生产过程中人、物、环境、管理等各方面进行全面监督，及时发现各方面的异常情况，以便采取合理对策。

（3）高效性

预警必须有高效率，只有如此才能对各种隐患和事故进行及时预告，并制定合理适当的应急措施，迅速改变不利局面。

（4）客观性

生产运行中，隐患是客观存在的，必须正确引导有关单位和个人，不能因为可能涉及企业形象或负面影响隐匿有关信息，要积极主动地应对。

2. 预警体系功能的实现

预警体系功能的实现主要依赖预警分析和预控对策两大子系统作用的发挥。

（1）预警分析

预警分析主要由预警监测、预警信息管理、预警评价指标体系构建和预警评价等工作内容组成。

预警监测：完成与事故有关的外部环境与内部管理状况的监测任务，并将采集的原始信息实时存入计算机，供预警信息系统分析使用。

预警信息管理：预警信息管理是一个系统性的动态管理过程，包括信息收集、处理、辨伪、存储和推断等管理工作。

预警评价指标体系构建：预警评价指标能敏感地反映危险状态及存在问题的指标，是预警体系开展识别、诊断、预控等活动的前提，也是预警管理活动中的关键环节之一。构建预警评价指标体系的目的是使信息变得定量化、条理化和可操作化。

预警评价：预警评价包括确定评价的对象、内容和方法，建立相应的预测系统，确定预警级别和预警信号标准等工作。评价对象是导致事故发生的人、机、环、管等方面的因素，预测系统建立的目的是实现必要的未来预测和预警。

（2）预控对策

预警的目标是实现对各种事故现象的早期预防与控制，并能对事故进行危机管理。预警是制定预控对策的前提，预控对策是根据具体的警情确定控制方案，尽早采取必要的预防和控制措施，避免事故的发生和人员的伤亡，减少财产损失等。预控对策一般包括组织准备、日常监控和事故危机管理三个活动阶段。

组织准备：组织准备的目的在于预警分析以及为预控对策的实施提供组织保障。其任务：一是确定预警体系的组织构成、职能分配及运行方式；二是为事故状态下预警体系的运行和管理提供组织保障，确保预控对策的实施。

日常监控：日常监控是对预警分析所确定的主要事故征兆（现象）进行特别监视与控制的管理活动。其包括对员工的预警知识培训和对各种逆境的预测，模拟预警管理方案，总结预警监控活动的经验或教训，以及在特别状态时提出建议供决策层采纳等。

事故危机管理：事故危机管理是在日常监控活动无法有效扭转危险状态时的管理对策，是预警管理活动陷入危机状态时采取的一种特殊性质的管理，只有在特殊情况下才采用的特别管理方式。

3. 预警分析和预控对策的关系

预警分析和预控对策的活动内容是不同的，前者主要是对系统隐患的辨识，后者是对事故征兆的不良趋势进行纠错、治错的管理活动，但两者相辅相成，有明确的时间顺序关系和逻辑顺序关系。预警分析是预警体系完成其职能的前提和基础，预控对策是预警体系职能活动的目标，两者缺少任一方面，预警体系均无法完整实现其功能，也难以很好地达到事故预警的目的。

预警分析和预控对策活动的对象是有差异的，前者的对象是在正常生产活动中的安全管理过程，后者的对象则是已被确认的事故现象。但如果工程已处于事故状态，那么两者的活动对象是一致的，都是事故状态中的生产现象。另外，不论生产活动是处于正常状态还是事故状态，预警分析的活动对象总是包括预控对策的活动对象，或者说，预控活动的对象总是预警分析活动对象中的主要矛盾。

（三）预警体系的运行

完善的预警体系为事故预警提供了物质基础。预警体系通过预警分析和预控对策实现对事故的预警和控制，预警分析完成监测、识别、诊断与评价功能，而预控对策完成对事故征兆的不良趋势进行纠错和治错的功能。

1. 监测

监测是预警活动的前提。监测的任务包括两方面：一是对生产中的薄弱环节和重要环节进行全方位、全过程的监测；二是利用预警信息管理系统对大量的监测信息进行处理（整理、分类、存储、传输）并建立信息档案。通过对前后数据、实时数据的收集、整理、分析、存储和比较，建立预警信息档案，信息档案中的信息是整个预警系统共享的，它将监测信息及时、准确地输入下一预警环节。

2. 识别

识别是运用评价指标体系对监测信息进行分析，以识别生产活动中各类事故征兆、事故诱因，以及将要发生的事故活动趋势。识别的主要任务是应用适宜的识别指标，判断已经出现的异常征兆、可能的连锁反应。

3. 诊断

对已被识别的各种事故现象，进行成因过程的分析和发展趋势预测。诊断的主要任务是在诸多致灾因素中找出危险性最高、危险程度最严重的主要因素，并对其成因进行分析，对其发展过程及可能的发展趋势进行准确定量的描述。诊断的工具是企业特性和行业安全生产共性相统一的评价指标体系。

4. 评价

对已被确认的主要事故征兆进行描述性评价，以明确生产活动在这些事故征兆现象冲击下会遭受什么样的打击，通过预警评价判断此时生产所处的状态是正常、警戒，还是危险、极度危险、危机，并把握其发展趋势，在必要时准确报警。

5. 监测、识别、诊断、评价的关系

监测、识别、诊断、评价这四个环节的预警活动，有前后顺序的因果联系。其中，监

测活动的检测信息系统，是整个预警管理系统所共享的，识别、诊断、评价这三个环节的活动结果将以信息方式存入预警信息管理系统中。另外，这四个环节活动所使用的评价指标，也具有共享性和统一性。

三、危险源辨识

（一）危险源相关概念

1. 危险源

危险源是可能导致人身伤害或疾病、财产损失、工作环境破坏或这些情况组合发生的危险因素和有害因素。危险因素强调突发性和瞬间作用的因素，有害因素强调在一定时期内的慢性损害和累积作用。危险源是安全控制的主要对象，所以，有人把安全控制也称为危险控制或安全风险控制。

2. 辨识

危险源辨识就是识别危险源并确定其特性的过程。危险源辨识不但包括对危险源的识别，而且必须包括对其性质的判断。

（二）危险源的类型

实际生活和生产过程中的危险源以多种多样的形式存在，危险源导致的事故可归结为能量的意外释放或有害物质的泄漏。根据危险源在事故发生发展中的作用把危险源分为两大类，即第一类危险源和第二类危险源。

1. 第一类危险源

可能发生意外释放能量的载体或危险物质称为第一类危险源（如"炸药"是能够产生能量的物质；"压力容器"是拥有能量的载体）。能量或危险物质的意外释放是事故发生的物理本质。通常把产生能量的能量源或拥有能量的能量载体作为第一类危险源来处理。

2. 第二类危险源

约束、限制能量措施失效的各种不安全因素称为第二类危险源（"电缆绝缘层""脚手架""起重机钢绳"等）。

在生产生活中，为了利用能源，人们制造了各种机器设备，让能量按照人们的意图在系统中流动、转换并做功为人类服务，而这些设备设施又可看成是限制约束能量的工具。正常情况下，生产过程的能量或危险物质受到约束或限制，不会发生意外释放，即不会发生事故。但是，一旦这些约束或限制能量或危险物质的措施受到破坏或失效（故障），则将发生事故。第二类危险源包括人的不安全行为、物的不安全状态和不良环境条件三方面。

（三）危险源辨识的过程分析

危险源辨识是指识别危险源的存在并确定其特性的过程。危险源辨识过程包括以下两方面：

1. 识别危险源的存在

事故的发生往往是第一类危险源和第二类危险源共同作用的结果。第一类危险源是导致事故的能量主体，决定事故后果的严重程度。第一类危险源是促使第二类危险源造成事故的必要条件，因此，确定危险源的存在就是首先确定第一类危险源，在此基础上再辨识第二类危险源。第二类危险源的种类远远多于第一类，并且是在第一类危险源存在的前提下产生的，隐藏较深，相互关系复杂，因此，辨识第二类危险源比辨识第一类危险源更困难，必须采取一些特定的方法和手段进行辨识。

2. 确定危险源特性

即判定被识别出的危险源如何造成事故以及造成什么样的事故，也就是判定可能导致事故的直接因素及事故种类。

（四）危险源识别的充分性

为保证危险源辨识的充分性，辨识时应重点考虑以下三方面：

1. 危险源辨识应考虑三个对象、三种时态、三种状态

危险源辨识应考虑三个对象：第一，所有常规、非常规的活动；第二，所有进入作业场所人员（包括合同方人员和访问者）的活动；第三，所有作业场所内的设施（无论本单位的还是由外界所提供的）。

在对常规和非常规活动进行辨识时，应注意不能遗漏非常规活动，因为许多事故都在非常规情况下发生的，如设备故障、保护装置失灵、操作者未遵守操作规程、操作者精神状态不佳或过度疲劳等都会导致事故甚至重大事故的发生。对人员活动的辨识不能忽略外来人员的活动；对工作场所设施、设备的辨识，同样应包括进入工作场所的外来车辆及各种租赁设施、设备等。

危险源辨识还应包括本单位活动的三种时态、三种状态下各种类型的潜在危险源。三种时态是指过去、现在、将来，在对现有危险源进行充分考虑时，要分析以往遗留的危险

以及计划中的活动可能带来的危险源;三种状态是指正常、异常和紧急状态,本单位的正常生产情况属正常状态,装置开停、设备开停机及检维修等情况下,危险源与正常状态有较大不同,属异常状态,紧急状态则是指发生火灾、爆炸、洪水、地震等情况。

2. 危险源辨识中应重点考虑的内容

第一,职业健康法律法规和公司及本单位的一些作业文件中的安全注意事项、本单位和同行业近年来发生的事故、较为成熟的安全检查表的内容,它们是危险源辨识的重要线索和依据。充分的辨识结果,应包括本单位和类似单位近年来发生事故的原因,所有严重的违法、违规现象,安全检查表中的大部分项目,特别是重要的项目。第二,国家法律法规明确规定的特种作业人员,如电工作业人员、电气焊作业人员、起重作业人员等,这些人从事的作业容易发生事故,且事故的危害后果比较严重,对其在作业中易出现的不安全行为,在危险源辨识时要高度重视。第三,国家法律法规明确规定的危险设备和设施,如涉及生命安全、危险性较大的起重机械等特种设备。第四,具有接触有毒有害物质的作业活动。辨识危险源时不能只考虑引起人员伤亡和财产损失的危险源,而忽略了引起职业病的危险源,如毒物、粉尘、噪声、振动、低温和电离辐射作业等,其对人的健康和安全影响很大,辨识过程中要高度重视,不得遗漏。第五,特殊作业,主要包括高处作业、动火作业、有限空间作业、临时用电作业、起重作业等。

3. 主动辨识危险源

辨识危险源时应以全新眼光和怀疑的态度对待危险源,因为过于接近危险源的人员可能会对危险源视而不见,或者心存侥幸,认为尚无人员受到伤害而视风险微不足道。更重要的一点是,危险源辨识应具有主动性、前瞻性,而不是等到已经出现事故才进行辨识。

(五)危险源辨识的不同方法

1. 询问、交谈

对于组织的某项工作具有经验的人,一般能指出其工作中的危害。从其指出的危害中,可初步分析出工作中存在一类、二类危险源。

2. 问卷调查

问卷调查是通过事先准备好的一系列问题,通过到现场查看和与人员交谈的方式来获取职业健康安全危险源的信息。

3. 现场观察

通过对作业环境的现场观察,可发现存在的危险源。从事现场观察的人员,要具有安全技术知识并掌握了职业安全法规、标准。

4. 查阅有关记录

查阅组织的事故、职业病的记录，可从中发现存在的危险源。

5. 获取外部信息

从有关类似组织、文献资料、专家咨询等方面获取有关危险源信息，加以分析研究，可辨识出组织存在的危险源。

6. 工作任务分析

通过分析组织成员工作任务中所涉及的危害，可识别出有关的危险源。

7. 专家调查法

专家调查法是通过向有经验的专家咨询、调查，辨识、分析和评价危险源的一类方法，其优点是简便、易行，其缺点是受专家的知识、经验和占有资料的限制，可能出现遗漏。常用的有头脑风暴法（Brain storming）和德尔菲法（Delphi）。

头脑风暴法是专家通过创造性的思考，产生大量的观点、问题和议题的方法。其特点是多人讨论，集思广益，可以弥补个人判断的不足，常采取专家会议的方式来相互启发、交换意见，使对危险、危害因素的辨识更加细致、具体。此法常用于目标比较单纯的议题，如果涉及面较广，包含因素多，可以分解目标，再对单一目标或简单目标使用本方法。

德尔菲法是采用背对背的方式对专家进行调查，其特点是避免了集体讨论中的从众性倾向，更能够代表专家的真实意见。要求对调查的各种意见进行汇总统计处理，再反馈给专家反复征求意见。

8. 安全检查表法

安全检查表（Safely Check List，简称SCU），实际上就是实施安全检查和诊断项目的明细表。运用已编制好的安全检查表，进行系统的安全检查，辨识工程项目存在的危险源。检查表的内容一般包括分类项目、检查内容及要求、检查以后处理意见等。可以用"是""否"作答或用"√""×"符号做标记，同时注明检查日期，并由检查人员和被检单位同时签字。

安全检查表法的优点是简单易懂、容易掌握，可以事先组织专家编制检查项目，使安全检查系统完整。缺点是一般只能做出定性评价。

9. 危险与可操作性

危险与可操作性（Hazard and Operability Study，简称HOS）是一种对工艺过程中的危险源实行严格审查和控制的技术，是通过指导语句和标准格式寻找工艺偏差，以辨识系统存在的危险源，并确定控制危险源的对策。

10. 事件树分析

事件树分析（Event Tree Analysis，简称 ETA）是一种从初始原因事件起，分析各环节事件"成功（正常）"或"失败（失效）"的发展变化过程，并预测各种可能结果的方法，即时序逻辑分析判断方法。应用这种方法对系统各环节事件进行分析，可辨识出系统的危险源。

11. 故障树分析

故障树分析（Failure Tree Analysis，简称 FTA）是一种根据系统可能发生的或已经发生的事故结果，去寻找与事故发生有关的原因、条件和规律。通过这样一个过程分析，可辨识出系统中导致事故的有关危险源。

上述各种方法有着各自的优缺点，组织在辨识危险源时应采用其中的一种或多种方法。

（六）危险源的控制方法

1. 第一类危险源的控制方法

第一，防止事故发生的方法有消除危险源、限制能量或危险物质、隔离。

第二，避免或减少事故损失的方法有隔离、个体防护、设置薄弱环节、使能量或危险物质按人们的意图释放、避难与援救措施。

2. 第二类危险源的控制方法

第一，减少故障、增加安全系数、提高可靠性、设置安全监控系统。

第二，故障—安全设计包括故障—消极方案（故障发生后，设备、系统处于最低能量状态，直到采取校正措施之前不能运转）、故障—积极方案（故障发生后，在没有采取校正措施之前使系统、设备处于安全的能量状态之下）、故障—正常方案（保证在采取校正行动之前，设备、系统正常发挥功能）。

（七）危险源控制的策划原则

第一，尽可能完全消除有不可接受风险的危险源，如用安全品取代危险品。

第二，如果不可能消除有重大风险的危险源，应努力采取降低风险的措施，如使用低压电器等。

第三，在条件允许时，应使工作适合于人，考虑降低人的精神压力和体能消耗。

第四，应尽可能利用技术进步来改进安全控制措施。

第五，应考虑保护每个工作人员的措施。

第六，将技术管理与程序控制结合起来。

第七，应考虑引入诸如机械安全防护装置的维护计划的要求。

第八，在各种措施还不能绝对保证安全的情况下，作为最终手段，还应考虑使用个人防护用品。

第九，应有可行、有效的应急方案。

第十，预防性测定指标是否符合监视控制措施计划的要求。

四、安全风险评价

（一）安全风险评价的基础知识

1. 安全风险评价的基本概念

（1）风险

风险是某一特定危险情况发生的可能和后果的组合。从广义上讲，只要某一事件的发生存在两种或两种以上的可能性，那么就认为该事件存在风险。

工程项目风险是指在项目决策和实施过程中，造成实际结果与预期目标的差异性及其发生的概率。工程项目风险的差异性包括损失的不确定性和收益的不确定性。工程项目风险管理是工程项目管理的重要内容。

（2）安全风险评价

安全风险评价就是根据危险源辨识的结果，采用科学方法评价危险源给项目所带来的风险大小，并确定是否为重大风险的过程，是综合衡量风险对项目实现既定目标的影响程度。

安全风险评价是对风险的规律性进行研究和量化分析。由于罗列出来的每一个风险都有自身的规律和特点、影响范围和影响量，通过分析可以将它们的影响统一为成本目标和工期目标的形式，以货币单位和时间单位来度量。

2. 安全风险评价的目的

安全风险评价的目的是通过评价危险发生的可能性及其后果的严重程度，以寻求最低的事故发生率、最少的损失、对环境的最低破坏。风险评价体现了预防为主的思想，使潜在和显在的危险得以控制。

3. 安全风险评价的范围

第一，规划、设计和建设、投产、运行、维修等阶段。

第二，常规和异常活动。

第三，事故及潜在的紧急情况。

第四，所有进入作业场所的人员的活动。

第五，原材料、产品的运输和使用过程。

第六，作业场所的设施、设备、车辆、安全防护用品。

第七，人为因素，包括违反安全操作规程和安全生产规章制度。

第八，丢弃、废弃、拆除与处置。

第九，气候、地震及其他自然灾害（如台风、洪水、山体滑坡等）。

（二）安全风险评价的方法

安全风险评价是评估危险源所带来的风险大小及确定风险是否被允许存在的全过程。根据评价结果对风险进行分级，按不同级别的风险有针对性地采取风险控制措施。风险评价方法有定性分析方法和定量分析方法两大类。

1. 定性分析方法

（1）风险概率与影响估计

在风险定性分析中利用会议的方法对识别的每项风险，确定风险的概率和影响。组织的历史数据库中关于风险方面的信息有限，此时需要有关人员对风险做出判断。可通过挑选对风险类别熟悉的专业人员，采用召开会议或进行访谈等方式对风险进行评估，其中，包括项目团队成员和项目外部的专业人士。如果参与者不具有风险评估方面的任何经验，就需要由经验丰富的主持人引导讨论过程。

（2）概率影响风险矩阵

概率影响风险矩阵是将概率与影响程度这两个量纲结合考虑的一种常用方法，可以将概率与影响程度以矩阵的形式结合起来，以此为依据建立一个对风险或风险情况评定等级，如极低、低、中、高、极高等级别。

风险的概率标度的取值范围是 0.0（概率为 0，无可能性）与 1.0（概率 100%，确定无疑）之间。对风险概率进行评估可能是比较困难的，因为没有历史数据资料可以利用，时常采用专家判断的办法确定风险的概率标度，有时采用表示可能性极低到几乎确定无疑的相对概率值的序数标度，也可以用普通标度，如 0.1、0.3、0.5、0.7、0.9 对具体概率赋值。

风险的影响标度的取值范围也是在 0.0~1.0 之间，取值为 0，表示风险损失较小或机会较低；取值为 1，表示风险损失大或机会较大。风险值大的深灰色区域表示高风险，而风险值小的浅灰色区域表示低风险；风险值介于大与小之间的区域表示中等风险。风险分值可以为风险应对规划提供指导，如果风险发生对目标产生不利影响，并处于深色区域，需要采取重点的积极应对措施；而处于低风险区域的则需要观察和提供额外的应急储备，而无须采取积极的措施。

（3）项目假设测试

项目假设测试是对已取得的有关项目风险信息的数据及项目假设进行的分析。已识别的风险必须按照两项标准进行测试，一项是假设的稳定性，另一项是假设不成立时对项目造成的后果。

（4）风险紧迫性评估

风险紧迫性评估是指明风险的最重要特性，用以作为警告指示，确定需要近期对其采取应对措施的风险。实施风险应对措施所需要的时间、风险征兆和风险等级等都可作为确定风险优先级或紧迫性的指标。

（5）风险分类

可按照风险来源、受影响的项目区域或其他分类标准，如项目阶段风险，对项目风险进行分类，以确定受不确定性影响最大的项目方面。其中风险来源可使用风险分解结构识别，受影响的项目区域可使用工作分解结构确认，根据共同的根本原因对风险进行分类有助于集中制定有效的风险应对措施。

（6）定性风险综合估计

定性风险综合估计是指依靠专家打分的方法或经验对项目风险给出综合的估计。评分可以针对整体风险，也可以针对风险来源。

2. 定量分析方法

（1）等风险图法

等风险图包括两个因素，即失败的概率和失败的后果。这种方法把已识别的风险分为低、中、高三类。低风险指对项目目标仅有轻微不利影响，发生概率也小（小于0.3）的风险。中等风险指发生概率大（0.3~0.7）且影响项目目标实现的风险。高风险指发生概率很大（0.7以上），对项目目标的实现有非常不利影响的风险。

（2）网络模型法

时间进度和成本费用都是项目管理的重点，在这两方面，网络模型使用得越来越广泛。网络模型有关键线路法、计划评审技术和图形评审技术。使用网络模型进行风险评价，主要是揭示项目在费用和时间进度方面的风险。

（3）模糊评价法

模糊评价法是利用模糊集理论进行评价的一种方法。由于模糊的方法更接近于东方人的思维习惯和描述方法，因此它更适用于对社会经济系统及工程技术问题进行评价。

（4）概率优势法

在单点准则的基础上比较项目，如项目成本、收益成本比、内部收益率，是很简单的工作。但是如果运用模拟的方法得到一个概率分布结果，那么比较方案就变得复杂多了。有时，利用叠加概率密度函数和累积分布函数，就很清楚哪一个项目具有概率优势。

（5）动态决策树法

动态决策树法是进行风险决策的有效方法。它把有关决策的相关因素分解开，逐项计算其概率和期望值，并对方案进行比较和选择。决策树方法不仅可以用来解决单阶段的决策问题，还可以用来解决多阶段的决策问题，它具有层次清晰、不遗漏、不易错的优点。

上面从理论和技术上讨论了一系列风险评价方法。在风险评价中必须灵活运用以上各种评价方法，从工程项目的不同角度出发进行评价，对用不同评价方法评价出来的结果进行综合、分析、计算，最后得到工程项目某一风险的发生概率和损失大小，这样才能为后阶段的风险防范制定可行的、合理的对策。

（三）风险控制

工程实施中的风险控制主要贯穿在项目的进度控制、成本控制、质量控制、合同控制等过程中。

第一，风险监控和预警，风险监控和预警是项目控制的内容之一。在工程实施过程中不断地收集和分析各种信息，捕捉风险前奏的信号。在工程中通过工期和进度的跟踪、成本的跟踪分析、合同监督、各种质量监控报告、现场情况报告等手段了解工程风险。在工程的实施状况报告中，应包括风险状况报告，鼓励人们预测、确定未来的风险。

第二，风险一经发生就应积极地采取措施，及时控制风险的影响，降低损失，防止风险的蔓延。

第三，在风险发生时，执行风险应对计划，保证工程的顺利实施，包括以下措施：首先，控制工程施工，保证完成预定目标，防止工程中断和成本超支；其次，迅速恢复生产，按原计划执行；再次，尽可能修改计划、修改设计，按照工程中出现的新的状态进行调整；最后，争取获得风险的赔偿，如向业主、向保险单位、风险责任者提出索赔等。

由于风险是不确定的，预先的分析和应对计划常常也是不很适用的，所以在工程中针对风险的应对措施常常还要靠即兴发挥，靠管理者的应变能力、经验、掌握工程和环境状况的信息量和对专业问题的理解程度进行针对性解决。

不同的组织可根据不同的风险量选择适合的控制策略。

第三章 地基处理与基础工程施工技术

第一节 概述

一、处理目的

地基所面临的问题主要有以下五方面：第一，承载力及稳定性问题；第二，压缩及不均匀沉降问题；第三，渗漏问题；第四，液化问题；第五，特殊土的特殊问题。当天然地基存在上述五类问题之一或其中几个时，须采用地基处理措施以保证上部结构的安全与正常使用。通过地基处理，可以达到以下一种或几种目的：

(一) 提高地基土的承载力

地基剪切破坏的具体表现形式有建筑物的地基承载力不够，由于偏心荷载或侧向土压力的作用使结构失稳；由于填土或建筑物荷载，使邻近地基产生隆起；土方开挖时边坡失稳基坑开挖时坑底隆起。地基土的剪切破坏主要因为地基土的抗剪强度不足，因此，为防止剪切破坏，就需要采取一定的措施提高地基土的抗剪强度。

(二) 降低地基土的压缩性

地基的压缩性表现在建筑物的沉降和差异沉降大，而土的压缩性和土的压缩模量有关。因此，必须采取措施提高地基土的压缩模量，以减少地基的沉降和不均匀沉降。

(三) 改善地基的透水特性

基坑开挖施工中，因土层内夹有薄层粉砂或粉土而产生管涌或流砂，这些都是因地下水在土中的运动而产生的问题，故必须采取措施使地基土降低透水性或减少其动水压力。

(四) 改善地基土的动力特性

饱和松散粉细砂（包括部分粉土）在地震的作用下会发生液化，在承受交通荷载和打桩时，会使附近地基产生振动下降，这些是土的动力特性的表现。地基处理的目的就是要改善土的动力特性以提高土的抗振动性能。

（五）改善特殊土不良地基特性

对于湿陷性黄土和膨胀土，就是消除或减少黄土的湿陷性或膨胀土的胀缩性。

二、处理分类

地基处理主要分为基础工程措施、岩土加固措施。

有的工程不改变地基的工程性质，而只采取基础工程措施；有的工程还同时对地基的土和岩石加固，以改善其工程性质。选定适当的基础形式，不须改变地基的工程性质就可满足要求的地基称为天然地基；反之，已进行加固后的地基称为人工地基。地基处理工程的设计和施工质量直接关系到建筑物的安全，如处理不当，往往发生工程质量事故，且事后补救大多比较困难。因此，对地基处理要求实行严格的质量控制和验收制度，以确保工程质量。

三、处理方法

（一）换填垫层法

适用于浅层软弱地基及不均匀地基的处理。其主要作用是提高地基承载力，减少沉降量，加速软弱土层的排水固结，防止冻胀和消除膨胀土的胀缩。

（二）强夯法

适用于处理碎石土、砂土、低饱和度的粉土与黏性土、湿陷性黄土、杂填土和素填土等地基。强夯置换法适用于高饱和度的粉土，软—流塑的黏性土等地基上对变形控制不严的工程，在设计前必须通过现场试验确定其适用性和处理效果。强夯法和强夯置换法主要用来提高土的强度，减少压缩性，改善土体抵抗振动液化能力和消除土的湿陷性。对饱和黏性土宜结合堆载预压法和垂直排水法使用。

（三）砂石桩法

适用于挤密松散砂土、粉土、黏性土、素填土、杂填土等地基，提高地基的承载力和降低压缩性，也可用于处理可液化地基。对饱和黏土地基上变形控制不严的工程也可采用砂石桩置换处理，使砂石桩与软黏土构成复合地基，加速软土的排水固结，提高地基承载力。

（四）振冲法

分加填料和不加填料两种，加填料的通常称为振冲碎石桩法。振冲法适用于处理砂土、粉土、粉质黏土、素填土和杂填土等地基，对于处理不排水抗剪强度不小于 20 kPa 的黏性土和饱和黄土地基，应在施工前通过现场试验确定其适用性；不加填料的振冲加密法适用于处理黏粒含量不大于 10% 的中、粗砂地基。振冲碎石桩法主要用来提高地基承载力，减少地基沉降量，还可用来提高土坡的抗滑稳定性或提高土体的抗剪强度。

（五）水泥土搅拌法

分为浆液深层搅拌法（简称湿法）和粉体喷搅法（简称干法）。水泥土搅拌法适用于处理正常固结的淤泥与淤泥质土、黏性土、粉土、饱和黄土、素填土以及无流动地下水的饱和松散砂土等地基。不宜用于处理泥炭土、塑性指数大于 25 的黏土、地下水具有腐蚀性以及有机质含量较高的地基。若须采用时必须通过试验确定其适用性。当地基的天然含水量小于 30%（黄土含水量小于 25%）、大于 70% 或地下水的 pH 值小于 4 时不宜采用此法。连续搭接的水泥搅拌桩可作为基坑的止水帷幕，受其搅拌能力的限制，该法在地基承载力大于 140 kPa 的黏性土和粉土地基中的应用有一定的难度。

（六）高压喷射注浆法

适用于处理淤泥、淤泥质土、黏性土、粉土、砂土、人工填土和碎石土地基。当地基中含有较多的大粒径块石、大量植物根茎或较高的有机质时，应根据现场试验结果确定其适用性。对地下水流速度过大、喷射浆液无法在注浆套管周围凝固等情况不宜采用。高压旋喷桩的处理深度较大，除地基加固外，也可作为深基坑或大坝的止水帷幕，目前最大处理深度已超过 30 m。

（七）预压法

适用于处理淤泥、淤泥质土、冲填土等饱和黏性土地基，按预压方法分为堆载预压法及真空预压法。堆载预压分塑料排水带或砂井地基堆载预压和天然地基堆载预压。当软土层厚度小于 4 m 时，可采用天然地基堆载预压法处理；当软土层厚度超过 4 m 时，应采用塑料排水带、砂井等竖向排水预压法处理。对真空预压工程，必须在地基内设置排水竖井。预压法主要用来解决地基的沉降及稳定问题。

（八）夯实水泥土桩法

适用于处理地下水位以上的粉土、素填土、杂填土、黏性土等地基。该法施工周期短、造价低、施工文明、造价容易控制，在北京、河北等地的旧城区危改小区工程中得到不少成功的应用。

四、处理步骤

地基处理方案的确定可按下列步骤进行：

第一，收集详细的工程质量、水文地质及地基基础的设计材料。

第二，根据结构类型、荷载大小及使用要求，结合地形地貌、土层结构、土质条件、地下水特征、周围环境和相邻建筑物等因素，初步选定几种可供考虑的地基处理方案。另外，在选择地基处理方案时，应同时考虑上部结构、基础和地基的共同作用；也可选用加强结构措施（如设置圈梁和沉降缝等）和处理地基相结合的方案。

第三，对初步选定的各种地基处理方案，分别从处理效果、材料来源及消耗、机具条件、施工进度、环境影响等方面进行认真的技术经济分析和对比，根据安全可靠、施工方便及经济合理等原则，从而因地制宜地寻找最佳的处理方法。值得注意的是，每一种处理方法都有一定的适用范围、局限性和优缺点，没有一种处理方案是万能的，必要时也可选择两种或多种地基处理方法组成的综合方案。

第四，对已选定的地基处理方法，应按建筑物重要性和场地复杂程度，可在有代表性的场地上进行相应的现场试验和试验性施工，并进行必要的测试以验算设计参数和检验处理效果。如达不到设计要求时，应查找原因、采取措施或修改设计以达到满足设计的要求为目的。

第五，地基土层的变化是复杂多变的，因此，确定地基处理方案，一定要有丰富经验的工程技术人员参加，对重大工程的设计一定要请专家参加。当前有一些重大的工程，由于设计部门的缺乏经验和过分保守，往往使很多方案不合理，浪费也是很严重的，必须引起有关领导或部门的重视。

五、基础工程

（一）浅基础

通常把埋置深度不大，只须经过挖槽、排水等普通施工程序就可以建造起来的基础称为浅基础。它可扩大建筑物与地基的接触面积，使上部荷载扩散。浅基础主要包括：第一，独立基础（如大部分柱基）；第二，条形基础（如墙基）；第三，筏形基础（如水闸底板）。当浅层土质不良，须把基础埋置于深处的较好地层时，就要建造各种类型的深基础，如桩基础、墩基础、沉井或沉箱基础、地下连续墙等，它将上部荷载传递到周围地层或下面较坚硬地层上。

（二）桩基础

一种古老的地基处理方式。中国隋朝的郑州超化寺塔和五代的杭州湾海堤工程都采用桩基。按施工方法不同，桩可分为预制桩和灌注桩。预制桩是将事先在工厂或施工现场制成的桩，用不同沉桩方法沉入地基；灌注桩是直接在设计桩位开孔，然后在孔内浇灌混凝土而成。

（三）沉井和沉箱基础

沉井又称开口沉箱。它是将上下开敞的井筒沉入地基，作为建筑物基础。沉井有较大的刚度，抗震性能好，既可作为承重基础，又可作为防渗结构。1945 年，美国蒙哥马利闸采用沉井作为承重防渗基础。沉箱又称气压沉箱，其形状、结构、用途与沉井类似，只是在井筒下端设有密闭的工作室，下沉时，把压缩空气压入工作室内，防止水和土从底部流入，工人可直接在工作室内干燥状态下施工，如 1937 年中国钱塘江铁路桥的桥墩采用沉箱基础、1963 年日本杨川闸用沉箱作为闸的承重防渗基础。

（四）地下连续墙

利用专门机具在地基中造孔、泥浆固壁、灌注混凝土等材料而建成的承重或防渗结构物。它可做成水工建筑物的混凝土防渗墙；也可做一般土木建筑的挡土墙、地下工程的侧墙等，墙厚一般 40～130 cm。世界上最深的混凝土防渗墙达 131 m（加拿大马尼克三级坝）。

（五）土基加固

采取专门措施改善土基的工程性质。土基加固方法很多，如置换法、碾压法、强夯法、爆炸压密、砂井、排水法、振冲法、灌浆、高压喷射灌浆等。

（六）置换法

置换法是将建筑物基础地面以下一定范围内的软弱土层挖除，置换以良好的无侵蚀性极低压缩性的散粒材料（土、砂、碎石）或与建筑物相同的材料，然后压实或夯实。一般用基用砂或碎石置换，称砂垫层或碎石垫层。

（七）强夯法

用几十吨重的夯锤，从几十米高处自由落下，进行强力夯实的地基处理方法。夯锤一一般重 10~40 t，落距 6~40 m，处理深度可达 10~20 m。采用强夯法要注意可能发生的副作用及其对邻近建筑物的影响。

（八）排水法

排水法是采取相应措施如砂垫层、排水井、塑料多孔排水板等，使软基表层或内部形成水平或垂直排水通道，然后在土壤自重或外界荷载作用下，加速土壤中水分的排出，从而使土壤固结的方法。

如排水井法：在地基内按一定的间距打孔，孔内灌注透水性良好的砂，缩短排水路径，并在上部施加预压荷载的处理方法。它可加速地基固结和强度增长，提高地基稳定性，并使基础沉降提前完成。砂井直径一般为 25~50 cm，间距 2~3 m。砂井一般用射水法造孔，也可采用袋砂井、排水纸板等，还可采用真空预压法，即用抽真空的办法加压，可取得相当于 80 kPa 的等效荷载。

（九）振冲法

用振冲器加固地基的方法，即在砂土中加水振动使砂土密实。用振冲法造成的砂石桩或碎石桩，都称振冲桩（见桩工）。

（十）灌浆

借助于压力，通过钻孔或其他设施将浆液压送到地基孔隙或缝隙中，改善地基强度或防渗性能的工程措施，主要有固结灌浆、帷幕灌浆、接触灌浆、化学灌浆以及高压喷射灌浆。

六、综合技术

（一）地基处理前

利用软弱土层作为持力层时，可按下列规定执行：第一，淤泥和淤泥质土，宜利用其上覆较好土层作为持力层，当上覆土层较薄，应采取避免施工时对淤泥和淤泥质土扰动的措施；第二，冲填土、建筑垃圾和性能稳定的工业废料，当均匀性和密实度较好时，均可利用作为持力层；第三，对于有机质含量较多的生活垃圾和对基础有侵蚀性的工业废料等杂填土，未经处理不宜作为持力层。局部软弱土层以及暗塘、暗沟等，可采用基础梁、换土、桩基或其他方法处理。在选择地基处理方法时，应综合考虑场地工程地质和水文地质条件、建筑物对地基要求、建筑结构类型和基础形式、周围环境条件、材料供应情况、施工条件等因素，经过技术经济指标比较分析后择优采用。

（二）地基处理设计时

地基处理设计时，应考虑上部结构，基础和地基的共同作用，必要时应采取有效措施，加强上部结构的刚度和强度，以增加建筑物对地基不均匀变形的适应能力。对已选定的地基处理方法，宜按建筑物地基基础设计等级，选择代表性场地进行相应的现场试验，并进行必要的测试，以检验设计参数和加固效果，同时为施工质量检验提供相关依据。

（三）地基处理后

经处理后的地基，当按地基承载力确定基础底面积及埋深而需要对地基承载力特征值进行修正时，基础宽度的地基承载力修正系数取零，基础埋深的地基承载力修正系数取 1.0；在受力范围内仍存在软弱下卧层时，应验算软弱下卧层的地基承载力。对受较大水平荷载或建造在斜坡上的建筑物或构筑物，以及钢油罐、堆料场等，地基处理后应进行地基稳定性计算。结构工程师须根据有关规范分别提供用于地基承载力验算和地基变形验算的荷载值；根据建筑物荷载差异大小、建筑物之间的联系方法、施工顺序等，按有关规范和地区经验对地基变形允许值合理提出设计要求。地基处理后，建筑物的地基变形应满足现行有关规范的要求，并在施工期间进行沉降观测，必要时应在使用期间继续观测，用以评价地基加固效果和作为使用维护依据。复合地基设计应满足建筑物承载力和变形要求，地基土为欠固结土、膨胀土、湿陷性黄土、可液化土等特殊土时，设计要综合考虑土体的特殊性质，选用适当的增强体和施工工艺。复合地基承载力特征值应通过现场复合地基载荷试验确定，或采用增强体的载荷试验结果和其周边土的承载力特征值结合经验确定。

第二节　清基及岩石地基灌浆

一、地基清基

（一）新堤清基

第一，堤基处理属隐蔽工程，直接影响堤的安全。一旦发生事故，较难补救，因此，必须按设计要求认真施工，清基厚度不小于 0.3 m，直至清到原状土为止，清基的范围须大于设计边线 5 m。

第二，根据设计要求，充分研究工程地质和水文地质资料，制定有关技术措施，对于缺少或遗漏的部分，会同设计单位补充勘探和试验。

第三，清理堤基及铺盖地基时，将树木、草皮、树根、乱石、坟墓以及各种建筑物等全部消除，并认真做好水井、泉眼、地道、洞穴等的处理。

第四，堤基表层的粉土、细砂、淤泥、腐殖土、泥炭均应按设计要求清除。

第五，工程范围内的地质勘探孔、竖井、平硐、试坑均按图逐一检查，彻底处理。

第六，清基结束，进行碾压并经联合验收合格后方进行下一道施工工序。

(二) 质量控制措施

第一，在施工中应积极推行全面质量管理，并加强人员培训，建立健全各级责任制，以保证施工质量达到设计标准、工程安全可靠与经济合理。

第二，施工人员必须对质量负责，做好质量管理工作，实行自检、互检、交接班检，并设立主要负责人领导下的专职质量检查机构。

第三，质检人员与施工人员都必须树立"预防为主"和"质量第一"的观点，双方密切配合，控制每一道工序的操作质量，防止发生质量事故。

第四，质量控制按国家和部颁的有关标准、工程的设计和施工图、技术要求以及工地制定的施工规程制度，质量检查部门对所有取样检查部位的平面位置、检验结果等均应如实记录，并逐班、逐日填写质量报表，分送有关部门和负责人。质检资料必须妥善保存，防止丢失，严禁自行销毁。

第五，质量检查部门应在验收小组领导下，参加施工期的分部验收工作，特别隐蔽工程，应详细记录工程质量情况，必要时应照相或取原状样品保存。

第六，施工过程中，对每班出现的质量问题、处理经过及遗留问题，在现场交接班记录本上详细写明，并由值班负责人签署。针对每一个质量问题，在现场做出的决定，必须由主管技术负责人签署，作为施工质控的原始记录。

第七，发生质量事故时，施工部门应会同质检部门查清原因，提出补救措施，及时处理，并提出书面报告。

第八，试验及仪器使用建立责任制，仪器应定期检查与校正。

(三) 堤基处理质量控制

第一，堤基处理过程中，必须严格按设计和有关规范要求，认真进行质量控制，并应事先明确检查项目和方法。

第二，填筑前按有关规范对堤基进行认真检查。

（四）洒水湿润情况

第一，铺土厚度和碾压参数。

第二，碾压机具规格、重量。

第三，随时检查碾压情况，以判断含水量、碾重等是否适当。

第四，有无层间光面、剪力破坏、弹簧土、漏压或欠压土层、裂缝等。

第五，堤坡控制情况。

二、岩石地基灌浆

（一）灌浆方法

基岩灌浆有多种方法，按照浆液流动的方式分，有纯压式灌浆和循环式灌浆；按照灌浆段施工的顺序分有自上而下灌浆和自下而上灌浆等。它们各有优缺点，各自适应不同的情况。

1. 纯压式和循环式灌浆

（1）纯压式灌浆

将浆液灌注到灌浆孔段内，不再返回的灌浆方式称为纯压式灌浆。

很显然，纯压式灌浆的浆液在灌浆孔段中是单向流动的，没有回浆管路，灌浆塞的构造也很简单，施工工效也较高，这是它的优点；它的缺点是，当长时间灌注后或岩层裂隙很小时，浆液的流速慢，容易沉淀，可能会堵塞一部分裂隙通道，解决这一问题的办法是提高浆液的稳定性，如在浆液中掺加适量的膨润土，或者使用稳定性浆液。

（2）循环式灌浆

浆液灌注到孔段内，一部分渗入岩石裂隙，一部分经回浆管路返回储浆桶，这种方法称为循环式灌浆。为了达到浆液在孔内循环的目的，要求射浆管出口接近灌浆段底部，规范规定其距离不大于 50 cm。

循环式灌浆时，无论何时灌浆孔段内的浆液总是保持着流动状态，因而可最大限度地减少浆液在孔内的沉淀现象，不宜过早地堵塞裂隙通道，因而有利于提高灌浆质量，这是其优点；它的缺点是比纯压式灌浆施工复杂、浆液损耗量大、工效也低一些，在有的情况下，如灌注浆液较浓、注入率较大、回浆很少、灌注时间较长等，可能会发生孔内浆液凝住射浆管的事故。

在国外，纯压式灌浆采用比较普遍。帷幕灌浆方式宜采用循环式灌浆，也可采用"纯压式灌浆""浅孔固结灌浆可采用纯压式灌浆"。各个工程应根据工程具体情况选用。

2. 自上而下和自下而上灌浆

（1）自上而下灌浆

自上而下灌浆法（也称下行式灌浆法）是指自上而下分段钻孔、分段安装灌浆塞进行的灌浆。在孔口封闭灌浆法推广以前，我国多数灌浆工程采用此法。

采用自上而下灌浆法时，各灌浆段灌浆塞分别安装在其上部已灌浆段的底部。每一灌浆段的长度通常为 5 m，特殊情况下可适当缩短或加长，但最长也不宜大于 10 m，其他各种灌浆方法的分段要求也是如此。灌浆塞在钻孔中预定的位置上安装时，有时候由于钻孔工艺或地质条件的原因，可能达不到封闭严密的要求，在这种情况下，灌浆塞可适当上移，但不能下移。自上而下灌浆法可适用于纯压式灌浆和循环式灌浆，但通常与循环式灌浆配套采用。

（2）自下而上灌浆

自下而上灌浆法（也称上行式灌浆法）就是将钻孔一次钻到设计孔深，然后自下而上逐段安装灌浆塞进行灌浆的方法。这种方法通常与纯压式灌浆结合使用，很显然，采用自下而上灌浆法时，灌浆塞在预定的位置塞不住，其调整的方法是适当上移或下移，直至找到可以塞住的位置。如上移时就加大了灌浆段的长度，《水工建筑物水泥灌浆施工技术规范》规定，当灌浆段长度大于 10 m 时，应当采取补救措施。补救的方法一般是在其旁布置检查孔，通过检查孔发现其影响程度，同时可进行补灌。

（3）综合灌浆法

综合灌浆法是在钻孔的某些段采用自上而下灌浆，另一些段采用自下而上灌浆的方法。这种方法通常在钻孔较深、地层中间夹有不良地质段的情况下采用。

（4）全孔一次灌浆

全孔一次灌浆法是指整个灌浆孔不分段一次进行的灌浆。《水工建筑物水泥灌浆施工技术规范》规定，这种方法一般在孔深不超过 6 m 的浅孔灌浆时采用，也有的工程放宽到 8~10 m。全孔一次灌浆法可采用纯压式灌浆，也可采用循环式灌浆。

3. 孔口封闭灌浆法

孔口封闭法是我国当前用得最多的灌浆方法，它是采用小口径钻孔，自上而下分段钻进，分段进行灌浆，但每段灌浆都在孔口封闭，并且采用循环式灌浆法。

（1）工艺流程

孔口封闭灌浆法单孔施工程序为：孔口管段钻进→裂隙冲洗兼简易压水→孔口管段灌浆→镶铸孔口管→待凝 72 h→第二灌浆段钻进→裂隙冲洗兼简易压水→灌浆→下一灌浆段钻孔、压水、灌浆→……→终孔→封孔。

（2）技术要点

孔口封闭法是成套的施工工艺，施工人员应完整地掌握其技术要点，而不能随意肢解，各取所需。

4. GIN 灌浆法

20 世纪 90 年代，第 15 届国际大坝会议主席、瑞士学者隆巴迪（Lombardi）等人提出了一种新的设计和控制灌浆工程的方法——灌浆强度值（Grout Intersity Number，简写 GIN）法。这种方法在美洲的一些国家应用，取得了较好的效果。我国有一些工程进行了灌浆试验，黄河小浪底水利枢纽部分帷幕灌浆工程采用了 GIN 法灌浆。

（1）基本原理

对任意孔段的灌浆，都是一定能量的消耗，这个能量消耗的数值，近似等于该孔段最终灌浆压力 P 和灌入浆液体积 V 的乘积 PV，PV 就叫作灌浆强度值，即 GIN。灌入浆液的体积可用单位孔段的注入量 L/m 表示，也可以用注入干料量 kg/m 表示，灌浆压力用大气压或 MPa 表示。

为了避免在注入量小的细裂隙岩体中使用过高的灌浆压力，导致岩体破坏，还须确定一个压力上限 P_{max}；为了避免在宽大裂隙岩体中注入过量的浆液，同样需要确定一个累计极限注入量 V_{max}。这样一来，灌浆结束条件受三个因素制约：或灌浆压力达到压力上限，或累计注入量达到规定限值，或灌浆压力与累计注入量的乘积达到 GIN。

严格地说，GIN 法不是一种工艺方法，而是一种控制灌浆过程的规定或程序。

（2）技术要点

第一，使用稳定的、中等稠度的浆液，以达到减少沉淀，防止过早地阻塞渗透通道和获得紧密的浆液结石的目的。

第二，整个灌浆过程中尽可能只使用一种配合比的浆液，以简化工艺，减少故障，提高效率。

第三，用 GIN 曲线控制灌浆压力，在需要和条件允许的地方，如裂隙细微、岩体较完整的部位，尽量使用较高的压力。在岩体破碎或裂隙宽大的地方避免使用高压力，避免浪费浆液。

此外，所采用的灌浆方式多是自下而上和纯压式灌浆。

（3）我国技术人员对 GIN 法的改进

我国灌浆技术人员在引进 GIN 法的同时，对它的不足之处进行了因地制宜的改进。

第一，先堵后灌。湖南江垭水利枢纽 GIN 法灌浆试验时对岩溶化石灰岩地层涌水、透水率大的层间溶蚀部位先进行堵漏灌浆，待达到注入率足够小，灌浆压力不小于 1 MPa

后，再按 GIN 法要求灌浆。

第二，根据不同地段和灌浆深度，规定不同的灌浆强度值。

第三，用孔口封闭灌浆法取代自下而上纯压式灌浆法。

第四，各段灌浆要求在达到规定的灌浆强度值之后，还必须达到注入率、灌浆压力和持续时间的结束条件。

我国许多工程进行了 GIN 法灌浆的现场试验，但用于施工生产的仅有黄河小浪底水利枢纽的部分帷幕灌浆。从实践看，GIN 法采用计算机控制灌浆过程，具有科学性和先进性，但该法也还有一些不完善的地方值得改进。

（二）灌浆压力

1. 灌浆压力的构成和计算

准确地说，灌浆压力是指灌浆时浆液作用在灌浆段中点的压力，它是由灌浆泵输出压力（由压力表指示）、浆液自重压力、地下水压力和浆液流动损失压力的代数和。

浆液在灌浆管和钻孔中流动的压力损失包括沿程损失和局部损失。此项数值与管路长度、管径、孔径、糙率、接头弯头的多少与形式、浆液黏度、流动速度等有关，可以通过计算或试验得出，但由于计算比较复杂，试验也不易做得准确，且这项数值相对较小，因此为简便起见一般予以忽略。

在灌浆施工实践中，特别是现今多采用的高压灌浆施工中，由于灌浆压力很大（大于 3 MPa），浆柱压力、地下水压力、管路损失相对都较小，因此习惯上常常就采用表压力作为灌浆压力。

由于大多数灌浆泵都是柱塞泵或活塞泵，它们输出浆液的压力是波动的，压力表或记录仪指示的压力也是波动的，有的时候波动还很大。控制和记录灌浆压力宜以波动的中值为准。我国乌江渡和龙羊峡等工程的帷幕灌浆也曾以压力波动的峰值作为压力控制的标准。

2. 灌浆压力的控制

灌浆过程中，灌浆压力的控制主要有以下两种方法：

一次升压法。灌浆开始后，尽快地将灌浆压力升到设计压力。

分级升压法。在灌浆过程中，开始使用较低的压力，随着灌浆注入率的减少，将压力分阶段逐步升高到设计值。

一次升压法适用于透水性不大、裂隙不甚发育的岩层灌浆。分级升压法适用于裂隙发育、透水率较大的地层。

灌浆压力应当根据注浆率的变化进行控制。灌浆压力和注浆率是相互关联的两个参数，在施工中应遵循这样的原则：当地层吸浆量很大、在低压下即能顺利地注入浆液时，应保持较低的压力灌注，待注浆率逐渐减小时再提高压力；当地层吸浆量较小、注浆困难时，应尽快将压力升到规定值，不要长时间在低压下灌浆。

高压灌浆应当特别注意控制灌浆压力和注入率。平缝模型试验表明，上抬力与最大灌浆压力和最大注入量成正比，而注入量与注入率有关，因此为防止上抬力过大而引起地面抬动，必须协调控制灌浆压力和注入率。

（三）基岩帷幕灌浆

帷幕灌浆通常布置在靠近坝基面的上游，是应用最普遍、工艺要求较高的灌浆工程。

1. 施工的条件与施工次序

基岩帷幕灌浆通常应当在具备了以下条件后实施：

第一，灌浆地段上覆混凝土已经浇筑了足够厚度，或灌浆隧洞已经衬砌完成。上覆混凝土的具体厚度各工程规定不一，龙羊峡水电站要求为 30 m，也有的工程要求为 15 m，应视灌浆压力的大小而定。

第二，同一地段的固结灌浆已经完成。

第三，基岩帷幕灌浆应当在水库开始蓄水以前，或蓄水位到达灌浆区孔口高程以前完成。

基岩帷幕灌浆通常由一排孔、二排孔或多排孔组成。由二排孔组成的帷幕，一般应先进行下游排的钻孔和灌浆，然后再进行上游排的钻孔和灌浆；由多排孔组成的帷幕，一般应先进行边排孔的钻孔和灌浆，然后向中间排逐排加密。

单排孔组成的帷幕应按三个次序施工，各次序孔按"中插法"逐渐加密，先导孔最先施工，接着顺次施工Ⅰ、Ⅱ、Ⅲ次序孔，最后施工检查孔。由两排孔或多排孔组成的帷幕，每排可以分为两个次序施工。

原则上说，各排各序都要按照先后次序施工，也就是说应当先序排、先序孔施工完成以后，方可以开始后序排、后序孔的施工。但是，为了加快施工进度，减少窝工，灌浆规范规定，当前一序孔保持领先 15 m 的情况下，相邻后序孔也可以随后施工。

坝体混凝土和基岩接触面的灌浆段应当先行单独灌注并待凝。

2. 帷幕灌浆孔钻孔的要求

帷幕灌浆孔钻孔的钻机最好采用回转式岩芯钻机、金刚石或硬质合金钻头。这样钻出来的孔孔形圆整，孔斜较易控制，有利于灌浆，以往经常采用的是钢粒或铁砂钻进，但在金刚石钻头推广普及之后，除有特殊需要外，钻粒钻进一般就用得很少了。

为了提高工效，国内外已经越来越多地采用冲击钻进和冲击回转钻进。但是由于冲击钻进要将全部岩芯破碎，因此，岩粉较其他钻进方式多，故应当加强钻孔和裂隙冲洗。另外，在同样情况下冲击钻进较回转钻进的孔斜率大，这也是应当加以注意的。

在各种灌浆中帷幕灌浆孔的孔斜要求是较高的，因此应当切实注意控制孔斜和进行孔斜测量。

3. 灌浆压力的确定

（1）决定灌浆压力的因素

灌浆压力是灌浆能量的来源，一般地说，使用较大的灌浆压力对灌浆质量有利，因为较大的灌浆压力有利于浆液进入岩石的裂隙，也有利于水泥浆液的泌水与硬结，提高结石强度；较大的灌浆压力可以增大浆液的扩散半径，从而减少钻孔灌浆工程量（减少孔数）。但是，过大的灌浆压力会使上部岩体或结构物产生有害的变形，或使浆液渗流到灌浆范围以外的地方，造成浪费；较高的灌浆压力对灌浆设备和工艺的要求也更高。

决定灌浆压力的主要因素包括：

①防渗帷幕承受水头的大小

通常建筑物防渗帷幕承受的水头大，帷幕防渗标准也高，因而灌浆压力要大，反之，灌浆压力可以小一些。

②地质条件通常岩石坚硬、完整，灌浆压力可以高一些，反之灌浆压力应当小一些。

（2）用经验公式拟定灌浆压力

如何定量地确定灌浆压力，20世纪80年代以前我国多采用一些经验公式进行初步计算，其中使用较多的公式如下：

$$P = P_0 + mh$$

式中：P——灌浆压力，MPa；

P_0——基岩地表段允许灌浆压力，MPa；

m——基岩每增加1 m深度可增加的压力，MPa/m；

h——灌浆段深度，m。

4. 先导孔施工

（1）先导孔的作用

一项灌浆工程在设计阶段通常难以获得最充分的地质资料，因此在施工之初，利用部分灌浆孔取得必要的补充地质资料或其他资料，用以检验和核对设计及施工参数，这些最先施工的灌浆孔就是先导孔。

先导孔的工作内容主要是获取岩芯和进行压水试验，同时要完成作为 I 序孔的灌浆任务。

（2）先导孔的布置

先导孔应当在 I 序孔中选取，通常 1~2 个单元工程可布置一个，或按本排灌浆孔数的 10% 布置。双排孔或多排孔的帷幕先导孔应布置在最深的一排孔中并最先施工，先导孔的深度一般应比帷幕设计孔深深 5 m。

设计阶段资料不足或有疑问的地段可重点布置先导孔。

但应注意，虽然先导孔具有补充勘探的性质，非不得已也不要把勘探设计阶段的任务任意或大量地转移到先导孔来完成。这是因为在施工阶段来进行的先导孔施工受工期、技术和预算等条件的影响，通常不易做得很细，难以满足设计的要求。

（3）先导孔施工的方法

先导孔通常使用回转式岩芯钻机自上而下分段钻孔，采取岩芯，分段安装灌浆塞进行压水试验。压水试验的方法为三级压力五个阶段的五点法。

先导孔各孔段的灌浆宜在压水试验后接着进行。这样灌浆效果好，且施工简便，压水试验成果的准确性可满足要求。也有在全孔逐段钻孔、逐段进行压水试验直到设计深度后，再自下而上逐段安装灌浆塞进行纯压式灌浆直至孔口的。除非钻孔很浅，不允许对先导孔采取全孔一次灌浆法灌浆。

5. 浆液变换

在灌浆过程中，浆液浓度的使用一般是由稀浆开始，逐级变浓，直到达到结束标准。过早地换成浓浆，常易将细小裂隙进口堵塞，致使未能填满灌实，影响灌浆效果；灌注稀浆过多，浆液过度扩散，造成材料浪费，也不利于结石的密实性。因此，根据岩石的实际情况，恰当地控制浆液浓度的变换是保证灌浆质量的一个重要因素。一般灌浆段内的细小裂隙多时，稀浆灌注的时间应长一些；反之，如果灌浆段中的大裂隙多时，则应较快换成较浓的浆液，使灌注浓浆的时间长一些。

灌浆过程中浆液浓度的变换应遵循如下原则：

当灌浆压力保持不变，吸浆量均匀地减少时，或当吸浆量不变，压力均匀地升高时，不需要改变水灰比；

当某一级水灰比浆液的灌入量已达到某一规定值（例如 300 L）以上，或灌浆时间已达到足够长（例如 30 min），而灌浆压力及吸浆量均无显著改变时，可改换浓一级浆液灌注；

当其注入率大于 30 L/min 时，可根据具体情况越级变浓。

改变水灰比后，如灌浆压力突增或吸浆率锐减，应立即查明原因。

每一种浆液累计吸浆量达到多少时才允许变换一级，这个数值要根据地质条件和工程具体情况而定，一般情况下可采用 300 L，原则是尽量使最优水灰比的浆液多灌入一些（最优水灰比通过灌浆试验得出）。

对于"无显著改变"的理解可以量化为，某一级浓度的浆液在灌注一定的数量之后，其注入率仍大于初始注入率的 70%，就属于"无显著改变"。

固结灌浆的浆液比级与变换原则可参照帷幕灌浆。

6. 抬动观测

（1）抬动观测的作用

在一些重要的工程部位进行灌浆，特别是高压灌浆时，有时要求进行抬动观测。抬动观测有两个作用：

第一，了解灌浆区域地面变形的情况，以便分析判断这种变形对工程的影响。

第二，通过实时监测，及时调整灌浆施工参数，防止上部构筑物或地基发生抬动变形。

（2）抬动观测的方法

常用的抬动观测方法包括：

①精密水准测量

即在灌浆范围内埋设测桩或建立其他测量标志，在灌浆前和灌浆后使用精密水准仪测量测桩或标点的高程，对照计算地面升高的数值，必要时也可在灌浆施工的中期进行加测。这种方法主要用来测量累计抬动值。

②测微计观测

建立抬动观测装置，安装百分表、千分表或位移传感器进行监测。浅孔固结灌浆的抬动观测装置的埋置深度应大于灌浆孔深度，深孔灌浆抬动观测装置的深度一般不应小于 20 m。这种方法用来监测每一个灌浆段在灌浆过程中的抬动值变化情况，指导操作人员实时控制灌浆压力，防止发生抬动或抬动值超过限值。

这种抬动观测在压水和灌浆过程中应连续进行，时间间隔可为 5~10 min，但当抬动速率较快时，时间间隔应当缩小至 1~2 min。

根据观测的目的要求可以选用其中的一种观测方法，但在灌浆试验时或对抬动敏感地带，应当同时采用上述两种方法进行观测。

7. 特殊情况处理

灌浆施工过程中经常会遇到一些特殊情况，使得灌浆施工无法按正常的方法进行，这时必须针对不同的情况采取处理措施。

（1）冒浆

冒浆是指某一孔段灌浆时在其周围的地面或其他临空面，或结构物的裂缝冒出浆液。轻微的冒浆，可让其自行凝固封闭；严重者，可变浓浆液、降低灌浆压力或间歇中断待凝，必要时应采取堵漏措施，如用棉纱、麻刀、木楔等嵌填漏浆的缝隙。

（2）串浆

串浆是指正在灌浆的孔段与相邻的钻孔串通，浆液在邻孔中串漏出来。

对这种情况，应争取将所有互串孔同时进行灌浆。如其总的注入率不大于泵的正常排浆能力，可用一台泵以并联法做群孔灌浆，否则应用多台泵分别灌浆。若因条件限制，不能采用多台泵灌浆时，可暂将被串孔塞住，待灌浆孔灌完后再将被串孔内的浆液清理出来进行补灌。应用一台泵或多台泵进行群孔灌浆时，应当密切注意防止地面抬动。

（3）灌浆中断

一个孔段的灌浆作业应连续进行直到结束，尽量避免中断。实际施工中发生的中断有两种情况：一是被迫中断，如机械故障、停电、停水、器材问题等；二是有意中断，如实行间歇灌浆、制止串冒浆等。

发生前一种中断情况，应立即采取措施排除故障，尽快恢复灌浆。恢复时一般应从稀浆开始，如注入率与中断前接近，则可尽快恢复到中断前的浆液稠度，否则应逐级变浓。若恢复后的注入率减少很多，且短时间内停止吸浆，这说明裂隙因中断被堵塞，应起出栓塞进行扫孔和冲洗后再灌。

有意待凝后的中断，之后应先扫孔至原深度后再进行复灌。

（4）绕塞渗漏

绕塞渗漏是指浆液沿着孔壁或基岩裂隙绕过灌浆塞渗漏到孔口外面来。在进行自下而上分段灌浆时，由于灌浆孔孔壁不圆整、岩石陡倾角裂隙发育或灌浆塞阻塞封闭不严等原因，浆液绕流到灌浆塞上面，时间一长，灌浆塞就会被凝固在孔里。

为避免发生这种现象，在灌浆前进行压水试验时应当注意检查，看有无绕塞返水现象，如果发现压水时孔口返水，应再度压紧灌浆塞或移动位置重新安装灌浆塞。

当灌浆时发现浆液绕过栓塞从孔口流出时，应立即松开栓塞，并通过栓塞注水冲洗，直至孔口返出清水为止。如果孔径较大，灌浆塞位置不深、绕流出的浆液流量不大时，也可以在孔中下入水管至灌浆塞的上面，通水冲洗，直至灌浆结束。

（5）孔口涌水

灌浆孔孔口涌水有两个原因：一是钻孔与地层中承压水穿透；二是灌浆孔孔口高程低于地下水或河水、库水水位。灌浆孔孔口涌水轻则影响灌浆效果，涌水压力大时甚至导致灌浆难以进行。

8. 灌浆结束条件

灌浆结束条件对于灌浆施工十分重要，它对灌浆工程的质量、工效和成本都有较大影响。

帷幕灌浆采用自上而下分段灌浆法时，在规定压力下，当注入率大于 0.4 L/min 时，继续灌注 60 min；或不大于 1 L/min 时，继续灌注 90 min，灌浆可以结束。

采用自下而上分段灌浆法时，继续灌注的时间可相应地减少为 30 min 和 60 min，灌浆可以结束。

采用自下而上分段灌浆法时，在该灌浆段最大设计压力下，注入率不大于 1 L/min 后，继续灌注 30 min，可结束灌浆。

当采用孔口封闭灌浆法时，在该灌浆段最大设计压力下，注入率不大于 1 L/min，继续灌注 60~90 min，可结束灌浆。

我国的大多数工程采用了上述结束条件。少数工程，主要是利用外资的工程采用的灌浆结束条件不大相同，如二滩工程规定：灌浆应灌到孔中不显著吸浆为止。不显著吸浆的含义是指灌浆段长 3~6 m 或其他规定长度的孔段，在设计最大压力下每 10 min 吸浆不大于 10 L，在压力降到允许最大压力的 75% 时，10 min 内吸浆为 0。小浪底工程规定：进行帷幕灌浆时，在设计压力下，灌浆段吸浆率小于 1 L/min，继续灌注 30 min 后可以结束；采用自下而上分段灌浆时，继续灌注的时间缩短为 15 min。

9. 封孔

各灌浆孔、测试孔（检查孔）完成灌浆或测试检查任务后，均应很好地将孔回填封堵密实。

（1）导管注浆法

全孔灌浆完毕后，将导管（胶管、铁管或钻杆）下入钻孔底部，用灌浆泵向导管内泵入水灰比为 0.5 的水泥浆。水泥浆自孔底逐渐上升，将孔内余浆或积水顶出孔外。在泵入浆液过程中，随着水泥浆在孔内上升，可将导管徐徐上提，但应注意务使导管底口始终保持在浆面以下。工程有专门要求时，也可注入砂浆。这种封孔方法适用于浅孔和灌浆后孔口没有涌水的钻孔。

值得注意的是，切记不能用导管径直向孔口注入浆液，因为那样孔内的水或稀浆不能被置换出来，会在钻孔中留下通道。

（2）全孔灌浆法

全孔灌浆完毕后，先采用导管注浆法将孔内余浆置换成为水灰比 0.5 的浓浆，而后将灌浆塞塞在孔口，继续使用这种浆液进行纯压式灌浆封孔。封孔灌浆的压力可根据工程具体情况确定，采用尽可能大的压力，一般不要小于 1 MPa。当采用孔口封闭法灌浆时，可使用最大灌浆压力，灌浆持续时间不应小于 1 h。经验表明，当采用这种方法封孔时，孔内水泥浆液结石密度都可达到 2.0 g/cm³ 以上，抗压强度 20 MPa 以上，孔口无渗水。

当采用自下而上灌浆法，一孔灌浆结束后，通常全孔已经充满凝固或半凝固状态的浓稠浆体，在这种情况下可直接在孔口段进行封孔灌浆。

（3）分段灌浆封孔法

全孔灌浆完毕后，自下而上分段进行纯压式灌浆封孔，分段长度 20~30 m，使用浆液水灰比 0.5，灌浆压力为相应深度的最大灌浆压力，持续时间一般为 30 min，孔口段为 1 h。这种方法适用于采用自上而下分段灌浆、孔深较大和封孔较为困难的情况。

（4）其他注意事项

第一，当进行封孔灌浆时出现较大的注入量（如大于 1 L/min）时，应按正常灌浆过程进行灌浆，直至达到要求的结束条件，如封孔前孔口仍有涌水或渗水，则应当适当延长封孔灌浆持续时间，或采取闭浆措施。

第二，采用上述方法封孔，待孔内水泥浆液凝固后，灌浆孔上部空余部分，大于 3 m 时，应继续采用导管注浆法进行封孔；小于 3 m 时，可使用干硬性水泥砂浆人工封填捣实，孔口压抹齐平。

第三，封孔的浆液材料通常情况下采用纯水泥浆，当灌浆后孔口仍有细微渗水时，封孔水泥浆和砂浆中宜加入膨胀剂。

（四）坝基固结灌浆

1. 坝基固结灌浆的特点

（1）固结灌浆的特点

在混凝土重力坝或拱坝的坝基、混凝土面板堆石坝趾板基岩以及土石坝防渗体坐落的基岩等通常都要进行固结灌浆。坝基固结灌浆的目的之一是用来提高基岩中软弱岩体的密实度，增加它的变形模量，从而减少大坝基础的变形和不均匀沉陷；目的之二是弥补因爆破松动和应力松弛造成的岩体损伤。固结灌浆还可以提高岩体的抗渗能力，因此有的工程将靠近防渗帷幕的固结灌浆适当加深作为辅助的帷幕。

与帷幕灌浆不同，固结灌浆有如下特点：

第一，固结灌浆要在整个或部分坝基面进行，常常与混凝土浇筑交叉作业，工程量大，工期紧，施工干扰大，特别需要做好多工种、多工序的统筹安排；

第二，固结灌浆主要用于加固大坝建基面浅表层的岩体，因而通常孔深较浅，灌浆压力较低。

第三，固结灌浆孔通常采用方格形或梅花形布置，各孔按分序加密的原则分为Ⅱ序或Ⅲ序施工。

（2）固结灌浆的盖重

为了增强固结灌浆的效果，通常固结灌浆应尽可能在浇筑一定厚度的混凝土（盖重混凝土）后施工。以下部位必须在浇筑盖重混凝土后施工：

第一，防渗帷幕上游区的固结灌浆以及兼作辅助帷幕的固结灌浆；

第二，规模较大的地质不良地段的固结灌浆；

第三，结构上有特殊要求部位的固结灌浆。

固结灌浆区浇筑的盖重混凝土的厚度一般不宜小于 3 m，特殊情况下不应小于 1.5 m。当盖重混凝土的强度达到设计强度的 50% 后，可以进行钻孔灌浆施工。

盖重混凝土也不宜太厚，否则加大了混凝土中的钻孔深度，对工程不利。

（3）无盖重灌浆

有的时候，出于某些原因难以做到在浇筑盖重混凝土以后再进行固结灌浆，这就需要在无盖重条件下灌浆。无盖重灌浆又有两种情况：浇筑找平混凝土后灌浆和在裸露基岩上灌浆。找平混凝土也可以用喷混凝土代替。我国许多工程在尽量坚持有盖重灌浆时，也把无盖重灌浆作为一个重要的补充措施。

长江三峡工程的部分坝基固结灌浆采取了浇筑"找平混凝土"的方法。找平混凝土的浇筑应在建基面开挖达到设计高程并经验收合格后进行，找平混凝土的强度等级与大坝基础混凝土相同。浇筑厚度一般为 30~40 cm，以填平低洼坑槽为主，新鲜完整岩体可部分外露。待找平混凝土强度达到 70% 的设计强度后，固结灌浆的钻灌作业可以开始。

黄河小浪底水利枢纽进水塔基岩进行的无盖重固结灌浆在基岩面上浇筑了 20~50 cm 的"垫层混凝土"，在垫层混凝土的保护下，先进行表层 3 m 岩体的固结灌浆，在岩石里形成"盖板"，而后进行以下岩体的灌浆。

四川二滩拱坝坝基固结灌浆原则上自无盖重灌浆开始，至有盖重灌浆结束。无盖重灌浆在岩石裸露条件施工，主要进行 3 m 孔深以下岩体的灌浆，3 m 以上通过接管引自坝后集中地点在浇筑坝体基础混凝土后再行灌注。

2. 固结灌浆孔地钻进

固结灌浆孔的孔径不小于 38 mm 即可，几乎可以使用各种钻机钻进，包括风动或液动凿岩机、潜孔锤和回转钻机。工程上可以根据固结灌浆孔的深度、工期要求和设备供应情况选用。一般说来，孔深不大于 5 m 的浅孔可采用凿岩机钻进，5 m 以上的中深孔可用潜孔锤或岩芯钻机钻进。

固结灌浆钻孔的孔位偏差对于有盖重灌浆通常要求不大于 10 cm 即可，无盖重灌浆常常应当根据现场条件在适当范围内选择调整。钻孔方向以垂直孔居多，无盖重灌浆时，可以适当向主裂隙面垂直方向倾斜。为施工方便，钻孔斜度用钻机的钻杆方向控制，有的工程规定孔斜不大于 5°。

在盖重混凝土上进行固结灌浆时，为了避免钻孔时损坏混凝土内的结构钢筋、冷却水管、止水片、监测仪器和锚杆等，除在设计时妥善布置固结灌浆孔位外，重要部位应当采取预埋导管等措施，预埋管可用 PVC 塑料管。

3. 裂隙冲洗

一般情况下，固结灌浆孔不需要采取特别的冲洗方法。但对不良地质地段灌浆时常常要求进行裂隙冲洗，有时要求强力冲洗（高压压水冲洗、脉动冲洗、风水联合冲洗或高压喷射冲洗）。

（五）灌浆方法和压力

1. 固结灌浆的方法

孔深小于 6 m 的固结灌浆孔可以采用全孔一次灌浆法，有的工程规定 8 m 或 10 m 孔深以内可以进行全孔一次灌浆。对于较深孔，自下而上纯压式灌浆和自上而下循环式灌浆都可采用。

2. 灌浆压力

固结灌浆的压力应根据坝基岩石状况、工程要求而定。在不使水工建筑物及岩体产生有害变形的前提下尽量采用较高的压力，如上部混凝土盖重小，必须特别注意防止基岩及混凝土上抬。

固结灌浆压力，有盖重灌浆时，可采用 0.4~0.7 MPa；无盖重灌浆时可采用 0.2~0.4 MPa。对缓倾角结构面发育的基岩，可适当降低灌浆压力。长江三峡工程（坝基岩石花岗岩）在找平混凝土上进行固结灌浆第一段灌浆压力一般为 I 序孔 0.3 MPa，II 序孔 0.5 MPa。以下各段压力按 0.025~0.05 MPa/m 递增（破碎岩体系数取低值），盖重混凝土厚度为 3 m 时，I 序孔灌浆压力 0.3 MPa，II 序孔 0.5 MPa，盖重混凝土厚度每增加 1 m，压力相应增加 0.025 MPa。

有些工程坝基固结灌浆采用了如下方法：在混凝土浇筑前进行 I 序孔固结灌浆，灌浆压力稍低，当混凝土浇筑到一定的高度后，再用较大的压力进行 II 序孔的灌浆。

对于岩体抬动敏感部位，施工时应严格监测抬动变形，及时调整灌浆压力。

3. 结束条件

固结灌浆各灌浆段的结束条件为在该灌浆段最大设计压力下，当注入率不大于 1 L/min 后，继续灌注 30 min。

4. 深孔固结灌浆

在坝基面或较深的岩体中，常常有一些软弱岩带需要进行固结灌浆，这就是深孔固结灌浆，也称深层固结灌浆。现在深孔固结灌浆使用灌浆压力都较高，与帷幕灌浆无异。

在有些地质复杂地段，在高压水泥灌浆完成后还要进行化学灌浆。

高压固结灌浆的施工方法基本可依照帷幕灌浆的工艺进行，但二者也有区别，后者一般对裂隙冲洗要求不严或不要求，前者有的要求严格。另外，高压固结灌浆工程的质量检查，除可进行压水试验以外，宜以弹性波测试或岩体力学测试为主。

（六）岩溶地层灌浆

自从乌江渡水电站建设成功以来，我国已在岩溶地层修建了越来越多的高坝，积累了较多的施工经验。岩溶地层的灌浆与非岩溶地层的灌浆，除一般工艺基本相同外，还有一些重要的特点。

1. 岩溶地层灌浆的特点

与非岩溶地层的灌浆相比较，岩溶地层灌浆有如下特点：

第一，地质条件复杂，灌浆前常常不可能将施工区的地质情况勘探得十分详尽，因而在施工过程中往往会发现各种地质异常，设计和施工就要及时变更调整。

第二，施工技术较为复杂。施工、勘探、试验三者并行的特点更突出，要求施工人员有丰富的经验。

第三，灌浆工程量通常较大，水泥注入量很大，工程费用较高。这些量在施工完成以前常常不可能预计得很准，因此必须留有余地。

2. 岩溶地层灌浆的技术要点

第一，充分利用勘探孔、先导孔和灌浆孔资料对岩溶成因、发育规律、分布情况、岩溶类型以及大型溶洞的规模尺寸了解清楚，只有情况明，方能措施对。

第二，对已经揭露的溶洞，尽量清除充填物，回填混凝土，也可以回填毛石、块石或碎石，并做回填灌浆和固结灌浆。湖南江垭水库帷幕灌浆发现厅堂式大溶洞，通过在地面钻大口径孔灌注混凝土；我国云南五里冲水库在施工过程中发现特大溶洞群，为此在帷幕轴线上开挖残留岩体，清除充填物，浇筑了一道长 59 m、高 100.4 m、厚 2~2.5 m 的地下混凝土防渗墙。

第三，认真灌好Ⅰ序孔。即使在强岩溶地区，除了溶蚀裂隙、洞穴发育的地段以外，大部分完整或较完整的石灰岩透水性很弱。如以双排孔帷幕计，仅占工程量1/8的先灌排Ⅰ序孔所注入的水泥量通常为注入总量的50%~80%。因此在施工初期要有足够的物资和技术准备。

第四，恰当地使用灌浆压力。在渗透通道畅通，注入率很大的孔段应避免使用高压力，防止浆液流失过远；但当注入率降低到相当小以后，则必须尽早升高到设计最大灌浆压力。

第五，对于岩溶帷幕灌浆，一般不需要进行裂隙冲洗。溶洞充填物质通过高压灌浆的挤压密实，具有良好的渗透稳定性，它和周围岩体完全可以构成防渗帷幕的一部分。

3. 大渗漏通道的灌浆

岩溶地区经常有大的裂隙通道，灌浆时如不采取措施，浆液会流失得很远，造成浪费。下列措施有助于限制浆液过远流失：

第一，增加浆液浓度直至最浓级，降低灌浆压力，限制注入率。乌江渡帷幕灌浆规定注灰量大于10 t以后实行限流灌注。

第二，当浓浆、限流尚无效果，可采取限量和间歇灌注措施。乌江渡帷幕灌浆规定总注灰量超过20 t以后，可改为间歇灌浆，每灌入5 t水泥间歇一次，间歇时间4~6 h。

第三，在水泥浆中掺入速凝剂，如水玻璃、氯化钙等。

为了节约灌浆材料，当发现裂隙通道很大时，视情况可以改灌水泥砂浆、黏土水泥浆、粉煤灰水泥浆等。

4. 大型溶洞的灌浆

溶洞的充填情况不同，采取的措施也不尽相同。

（1）无充填或半充填溶洞的灌浆

对于没有充填满的溶洞，一般说来必须将它灌注充满。施工的目标是如何采用相对廉价的材料和便捷的措施。

第一，创造条件，例如利用已有钻孔或扩孔，或专门钻孔，向溶洞中灌筑流态混凝土，也可以先填入级配骨料，再灌入水泥砂浆或水泥浆。钻孔孔径不宜小于150 mm，混凝土骨料最大粒径不得大于40 mm，坍落度18~22 cm。级配骨料的最大粒径也不得大于40 mm，直至不能继续灌入为止。

第二，在上述工作的基础上，扫孔灌注水泥砂浆、粉煤灰水泥浆或水泥黏土浆等，达到设计灌浆压力而后改灌普通水泥浆液，直至达到规定的结束条件。

许多工程都采用过这样的方法。

（2）充填型溶洞的灌浆

有许多溶洞内充满了砾、砂、淤泥等，灌浆的任务主要是将这些松散软弱物质相对地固结起来，或在其间形成一道帷幕。在这样的溶洞中灌浆就相当于在覆盖层中灌浆一样，常会遇到钻进成孔的困难。

第一，采用循环钻灌法，缩短段长，泥浆固壁成孔，高压灌浆。

第二，穿过溶洞充填物，进行高压旋喷灌浆处理。

5. **地下动水条件下的灌浆**

有的岩溶通道中存在流速很大的地下水流，它使灌入的浆液稀释并随水流走，轻则浪费大量的灌浆材料，长时间达不到结束条件，严重影响灌浆效果；重则使灌浆无法进行。遇到这样的情况首先要尽可能地探明溶洞的特征、大小和地下水流速，有针对性地采取措施。

第三节　砂砾石地层灌浆

一、可灌性

可灌性指砂砾石地基能接受灌浆材料灌入的一种特性。可灌性主要取决于地基的颗粒级配、灌浆材料的细度、浆液的稠度、灌浆压力和施工工艺等因素。砂砾石地基的可灌性一般常用以下两种指标衡量：

第一，可灌比值 M ：

$$M = \frac{D_{15}}{d_{85}}$$

式中：D——受灌砂砾石层的颗粒级配曲线上相当于含量为15%粒径，mm；

d——灌注材料的颗粒级配曲线上相当于含量为85%粒径，mm。

M 值愈大，可灌性就愈好。一般认为，当 $M \geqslant 15$ 时，可灌水泥浆；$M = 10 \sim 15$ 时，可灌水泥黏土浆；$M = 5 \sim 10$ 时，宜灌含水玻璃的高细度水泥黏土浆。

第二，砂砾石层中粒径小于 0.1 mm 的颗粒含量百分数愈高，则可灌性愈差。

二、灌浆材料

砂砾石地基灌浆，多用于修筑防渗帷幕，很少用于加固地基，一般多采用水泥黏土浆。有时为了改善浆液的性能，可掺少量的膨润土和其他外加剂。

砂砾石地基经灌浆后，一般要求帷幕幕体内的渗透系数能够降低到 10 cm/s 以下；浆液结石 28 d 的强度能够达到 0.4~0.5 MPa。

水泥黏土浆的稳定性和可灌性指标，均优于水泥浆；其缺点是析水能力低，排水固结时间长，浆液结石强度不高，黏结力较低，抗掺和抗冲能力较差等。

要求黏土遇水以后，能迅速崩解分散，吸水膨胀，并具有一定的稳定性和黏结力。

浆液配比，视帷幕的设计要求而定，一般配比（重量比）为水泥：黏土 = 1：4~1：2，浆液的稠度为水：干料 = 6：1~1：1。

有关灌浆材料的选用，浆液配比的确定以及浆液稠度的分级等问题，均须根据砂砾石层特性和灌浆要求，通过室内外的试验来确定。

砂砾石层中的灌浆孔都是铅直向的钻孔，除打管灌浆法外，其造孔方式主要有冲击钻进和回转钻进两大类；就使用的冲洗液来分，则有清水冲洗钻进和泥浆固壁钻进两种。

三、打管灌浆

灌浆管由厚壁的无缝钢管、花管和锥形体管头所组成，用吊锤夯击或振动沉管的方法，打入砂砾石受灌地层设计深度，打孔和灌浆在工序上紧密结合。每段灌浆前，用压力水通过水管进行冲洗，把土砂等杂质冲出管外或压入地层中去，使射浆孔畅通，直至回水澄清。可采用自流式或压力灌浆，自下而上，分段拔管分段灌浆，直到结束。

此法设备简单，操作方便，一般适用于深度较浅，结构松散，空隙率大，无大孤石的砂砾石层，多用于临时性工程或对防渗性能要求不高的帷幕。

四、套管灌浆

施工程序是：边钻孔边下护壁套管（或随打入护壁套管，随冲淘管内砂砾石），直到套管下到设计深度。然后将钻孔冲洗干净，下入灌浆管，再起拔套管至第一灌浆段顶部，安好阻塞器，然后注浆。如此自下而上，逐段提升灌浆管和套管，逐段灌浆，直至结束。也可自上而下，分段钻孔灌浆，缺点是施工控制较为困难。

采用这种方法灌浆，由于有套管护壁，不会产生塌孔埋钻事故；但压力灌浆时，浆液容易沿着套管外壁向上流动，甚至产生表面冒浆，还会造成胶结套筒起拔困难，甚至拔不出。

五、循环灌浆

循环灌浆，实质上是一种自上而下，钻一段、灌一段，无须待凝，钻孔与灌浆循环进行的一种施工方法。钻孔时用黏土浆或最稀一级水泥黏土浆固壁。钻灌段的长度,视孔壁稳定情况和砂砾石渗漏大小而定,一般为 1~2 m,逐段下降,直到设计深度。这种方法灌浆,没有阻塞器,而是采用孔口管顶端的。

六、埋管法

第一,在孔位处先挖一个深 1~1.5 m,半径大于 0.5 m 的坑。由底用干钻向下钻进至砂砾石层 1~1.5 m,把加工好的孔口管下入孔内,孔口管下端 1~1.5 m 加工成花管,孔口管管径要与钻孔孔径相适应,上端应高出地面 20 cm 左右。在浅坑底部设止浆环,防止灌浆时浆液沿管壁向上蹿冒,浅坑用混凝土回填(或黏、壤土分层夯实),待凝固后,通过花管灌注纯水泥浆,以便固结孔口管的下部,并形成密实的防止冒浆的盖板。

第二,打管法钻机钻孔,孔口管插入钻孔用吊锤打至预定位置,然后再向下钻深 30~50 cm,并清除孔内废渣,灌注水泥浆。

七、预埋花管灌浆

在钻孔内预先下入带有射浆孔的灌浆花管,管外与孔壁的环形空间注入填料,后在灌浆管内用双层阻塞器(阻塞器之间为灌浆管的出浆孔)进行分段灌浆,其施工程序如下:

第一,钻孔及护壁常使用回转钻机钻孔至设计深度,接着下套管护壁或用泥浆固壁。

第二,清孔钻孔结束后,立即清除孔底残留的石渣,将原固壁泥浆更换为新鲜泥浆。

第三,下花管和下填料若套管护壁时,先下花管后下填料(若泥浆固壁时,则先下填料后下花管)。花管直径为 75~110 mm,沿管长每隔 0.3~0.5 cm 环向钻一排(4 个)孔径为 10 mm 的射浆孔。射浆孔外面用弹性良好的橡胶圈箍紧,橡胶圈厚度为 1.5~2 mm,宽度 10~15 cm。花管底部要封闭严密、牢固。安设花管要垂直对中,不能偏在套管(或孔壁)的一侧。

用泵灌注花管与套管(或孔壁)之间环形空间的填料,边下填料,边起拔套管,连续浇注,直到全孔填满将套管拔出为止。填料配比为水泥∶黏土 = 1∶3~1∶2;水∶干料 = 1∶1~3∶1;浆体密度 1.35~1.36 t/m³;黏度 25 s;结石强度 $R = 0.1~0.2$ MPa,$R \leqslant 0.5~0.6$ MPa。

八、开环

孔壁填料待凝 5~15 d,达到一定的强度后,可进行开环。在花管中下入双层阻塞器,灌浆管的出浆孔要对准花管上准备灌浆的射浆孔,然后用清水或稀浆逐渐升压至开环为止。压开花管上的橡皮圈，压裂填料，形成通路，称为开环，为浆液进入砂砾石层创造条件。

九、灌浆

开环以后，继续用清水或稀浆灌注 5~10 min，再开始灌浆。花管的每一排射浆孔就是一个灌浆段，灌完一段，移动阻塞器使其出浆孔对准另一排射浆孔，进行另一灌浆段的开环和灌浆。

由于双层阻塞器的构造特点，可以在任一灌浆段进行开环灌浆，必要时还可重复灌浆，比较机动灵活。灌浆段长度一般为 0.3~0.5 m，不易发生串浆、冒浆现象，灌浆质量比较均匀，质量较有保证。国内外比较重要的砂砾石层灌浆多采用此法，其缺点是有时有不开环的现象，且花管被填料胶结后，不能起拔回收，耗用钢材较多，工艺复杂，成本较高。

灌浆结束后，应立即封孔，以防坍孔冒浆；预埋花管法则可在帷幕检查后集中进行封孔，但要孔口加盖进行保护。砂砾石地基灌浆，应根据各工程的具体条件和灌浆应达到的要求，通过灌浆试验，提出需要掌握的控制标准，用以指导灌浆施工。

十、高压喷射注浆法

我国水利系统于 20 世纪 80 年代首先将此技术应用于山东白浪河土坝工程。根据喷嘴的喷射范围，高压喷射注浆分为旋喷、摆喷和定喷。

近年来，高压喷射注浆技术作为一个日趋成熟的地基基础处理方法，已被广泛地应用于砂、土质地层的河道、堤坝、工业民用建筑基础防渗和地基加固中。但在砂砾石地层的应用因其成孔困难、成墙效果不理想等，并未被广泛采用。由水电十一局承建的九甸峡水电站厂房工程砂砾石围堰截渗应用了高压旋喷灌浆，并取得了成功，现对之进行总结，形成本施工工法。

砂砾石层主要由细砂及砂卵石等粗颗粒组成，其透水性较强，透水率较大，对于该类型地层防渗，一般采用帷幕灌浆处理，但帷幕灌浆施工速度慢，投资大，防渗效果并不十分明显。采用高压旋喷灌浆进行防渗处理可达到帷幕灌浆处理所达不到的效果。但高压喷射灌浆存在其不可回避的弊端：一是砂砾石地层成孔过程中的塌孔问题；二是地层中的孤石能否有效被水泥浆包裹问题。

本工法从九甸峡水电站厂房基础防渗中总结出来。为了解决高压旋喷防渗墙处理方案在砂砾石层中的可施工性，在常规施工方法的基础上采取了有效的改进措施。针对砂砾石地层成孔难、易塌孔、钻进速度慢等技术难题，采取了大扭矩风动回转式液压钻机跟管钻进，PVC 套管护壁成孔方法。这种钻孔方法与传统泥浆、水泥浆护壁钻孔方法相比，具有成孔快、不塌孔、工艺简单等优点。工程所取得的成功经验值得类似工程借鉴和使用。

1. 适用范围

高压喷射注浆法防渗和加固技术主要适用于砂类土、黏性土、黄土和淤泥等软弱土层，本工法主要介绍其在砂砾石中的应用。

2. 工艺原理

高压喷射注浆是利用钻机成孔后，由高压喷射注浆台车（简称高喷台车）把前端带有喷嘴的注浆管置入砂砾石层预定深度后，以 30~40 MPa 压力把浆液或水从喷嘴中喷射出来，形成喷射流切割破坏砂砾石层，使原砂砾石层被破坏并与高压喷射进来的水泥浆按一定的比例和质量大小，有规律地重新排列组合，浆液凝固后，便在砂砾石层中形成一个柱状固结体，无数个柱状固结体的连接便形成一道屏蔽幕墙。

因从喷嘴中喷射出来的浆液或水能量很大，能够置换部分碎石土颗粒，使浆液进入碎石土中，从而起到加固地基和防渗的作用。

3. 施工工艺及特殊情况处理

（1）高压旋喷施工参数确定

高压旋喷渗墙施工前期，首先进行试验孔施工，试验孔施工主要确定孔深、孔距、水气浆压力、浆液密度、注浆率、旋转及提升速度，试验孔施工结束后，进行钻孔取芯、注水试验和开挖检查。计算出透水率并通过试验得出芯体的抗压强度，从开挖检查看旋喷墙厚度及成墙连续性。

（2）高压旋喷防渗墙施工工法

高压旋喷防渗墙钻孔注浆分两序施工，先施工 I 序孔，后施工 II 序孔，相邻孔施工间隔时间不少于 24 小时。注浆采用同轴三管法高压旋喷灌浆，同轴三管法即以浆、气、水三种介质同时作用于地层，使浆液与地层颗粒成分混合、搅拌、置换、充填渗透形成固结体。

施工程序为：场地平整压实→造孔（跟管钻进）→下 PVC 管护壁→跟管拔出→高喷台车就位→试喷→下喷具→喷灌→封孔→高喷台车移位。

①造孔：针对砂砾石地层成孔难、易塌孔、钻进速度慢等技术难题，采取了大扭矩液压工程钻机跟管钻进。一是采用 YGJ-80 风动液压钻机配偏心式冲击器冲击跟管钻进；二是采用 QLCN-120 履带式多功能岩土钻机跟管钻进。钻孔直径均为 φ140 mm，造孔效率可达 6.0 m/h。钻机就位后，用水平尺校正机身，使钻杆轴线垂直对准钻孔中心位置，孔位

偏差不大于 5 cm。钻孔达到设计深度后，将钻杆提出，在跟管内下设小于跟管口径的 PVC 套管取代跟管。PVC 护壁套管下至孔底后，再用液压拔管器分节拔出钢质护壁跟管。PVC 护壁套管滞留在孔中，待喷射灌浆时通过高压水切割破碎，通过水泥浆与砂砾石固结在一起。

②护壁：造孔结束，将钻杆提出，下设底端透水无纺布包扎 φ120 mmPVC 护壁管，进行成孔护壁，护壁套管接头用塑料密封带连接。护壁套管下至孔底后，采用 YGB 液压拔管机将套管分节拔出。

③喷具组装及检查：喷具由水、气、浆三管并列组成，采用专用螺栓连接，自下而上由喷头、喷管、旋喷三叉管组成，连接处用尼龙垫密封。喷具组装后试运行水、气、浆管的畅通和承压情况，当水压达到设计压力的 1.5 倍时，管路无泄漏后再试喷 15 min 后结束检查。

④试喷检查结束后，使喷嘴喷射方向与高喷轴线一致，并设置好旋喷转速下入喷具至设计孔深。为防止在下喷具过程中因意外而堵塞喷嘴，可送入低压水、气、浆并开始喷浆。在初始喷浆时只喷转不提，静喷 3~5 min，待孔口返浆浓度接近 1.3 g/cm³ 时，按参数要求的提升速度和旋转速度自下而上喷射灌浆到设计高程，喷射浆液为灰水比 0.8∶1 的纯水泥浆。

（3）特殊情况处理

①漏浆处理

在砂砾石围堰高喷灌浆防渗墙的施工中，可能会有部分孔发生漏浆现象，说明围堰基础存在一定的集中渗流区，对工程施工安全十分不利。因此在发生漏浆时，视严重程度应采取停止提升或放慢提升速度的办法，尽可能使漏浆地层充分灌满水泥浆，从而达到充分固结的目的。

②孤石处理

针对注浆过程中的孤石能否有效被水泥浆包裹及水泥浆与砂砾石充分搅拌问题，在注浆施工方法上应选用高压水孔内切割、风动搅拌、水泥固结的三管法。在参数选择大水压，加大高压水对地层冲击、切割力度，在遇有孤石时，采取在孤石上、下 50 cm 加大喷嘴旋转速度、慢速提升的办法，充分将孤石用水泥浆包住，从而使固结后的柱体达到连续完整的目的。

③事故停喷

在高喷过程中发生停电、停喷事故，均采取重新扫孔、复喷的办法，扫孔底至停喷段以下 1.2 m，解决因停喷造成的柱体连续性问题。

第四节 混凝土防渗墙施工

一、施工准备

第一，安排工程技术人员勘查现场，进一步了解实施本工程的目的、设计标准、技术要求按设计文件及图纸要求进行测量放样工作。

第二，针对槽孔式防渗墙工程的要求，编制详细的专项施工方案，用于指导施工。

第三，按施工技术要求平整、清理场地，准备好堆料场，联系好原材料供应厂商。

第四，确定好设备进场道路，施工设备运输进场、安装。

二、施工现场布置

（一）施工用电

槽孔式防渗墙使用与本标段同一电力供应系统，电力系统可以满足防渗墙施工的需要。

（二）施工用水

施工用水使用与本标段同一供水系统。

（三）施工道路

槽孔式防渗墙工程施工时，上坝道路已修好，延伸至237的施工道路已修好，待土石坝填筑至237高程时，可直接与上坝公路相连，防渗墙所使用的机械设备、原材料等可以直接运至施工场地。

三、导墙施工

导墙施工是防渗墙施工的关键环节，其主要作用为成槽导向、控制标高、槽段定位、防止槽口坍塌及承重，根据选用的机械形式和现场布置，导墙断面形式采用钢筋砼倒 L 形断面。

导槽里侧净宽度 0.8 m，导墙混凝土强度等级为 C20，导墙施工时，导墙壁轴线放样必须准确，误差不大于 10 mm，导墙壁施工平直，内墙墙面平整度偏差不大于 3 mm，垂直度不大于 0.5%，导墙顶面平整度为 5 mm。导墙顶面宜略高于施工地面 100~150 mm，每个槽段内的导墙上至少应设有一个溢浆孔。导墙基底与土面密贴，为防止导墙变形，导墙两内侧拆模后，每隔 1.5 m 布设一道木撑，砼未达到 70%强度，严禁重型机械在导墙附近行走。

四、主要施工方法

（一）沟槽开挖

第一，导墙沟槽采用人工辅助机械开挖。

第二，导墙分段施工，分段长度根据模板长度和规范要求，一般控制在 30~50 m。

第三，导墙开挖前根据测量放样成果、防渗墙的厚度及外放尺寸，实地放样出导墙的开挖宽度，并撒出白灰线。

第四，开挖工程中如遇坍方或开挖过宽的地方做 120 砖墙外模，外侧应用土分层回填夯实。

第五，为及时排除坑底积水应在坑底中央设置一排水沟，在一定的距离设置集水坑，用抽水泵外排。

（二）导墙钢筋、模板及砼施工

第一，导墙沟槽开挖后立即将导墙中心线引至沟槽中，及时整平槽底，如遇软基础地质，可采用换填或浇注 C15 素混凝土垫层，保证基底密实。

第二，土方开挖到位后，绑扎导墙钢筋，钢筋施工结束并经"三检"合格后，填写隐蔽工程验收单，报监理验收，经验收合格后方可进行下道工序施工。

第三，导墙模板采用木模板，模板加固采用钢管支撑或 10 cm×10 cm 方木支撑加固，支撑的间距不大于 1 米，严防跑模，并保证轴线和净空的准确。砼浇注前先检查模板的垂直度和中线以及净距是否符合要求，经"三检"合格后报监理通过方可进行砼浇注。

第四，砼浇注采用泵车入模，砼浇注时两边对称分层交替进行，严防走模，如发生走模，立即停止砼的浇注，重新加固模板，并纠正到设计位置后，再继续进行浇注。

第五，砼的振捣采用插入式振捣器，振捣间距为 0.6 m 左右，防止振捣不均，同时也要防止在一处过振而发生走模现象。

（三）模板拆除

导墙混凝土达到规范强度要求后开始拆除模板，具体时间由试验确定。拆模后立即再次检查导墙的中心轴线和净空尺寸以及侧墙砼的浇筑质量，如发现侧墙砼侵入净空或墙体出现空洞须及时修凿或封堵，并召集相关人员分析讨论事件发生原因，制定出相应措施，防止类似问题再次发生。

模板拆除后立即架设木支撑，支撑上下各一道，呈梅花形布置，水平间距 1.5 m。经检查合格后报监理验收，验收后立即回填，防止导墙内挤。

五、槽孔式混凝土防渗墙施工

（一）主要施工方法

第一，成槽采用 SG30 型挖槽机和 CZ-30 型冲击钻机；

第二，采用膨润土或优质黏土泥浆护壁；

第三，"泵吸反循环法"置换泥浆清孔；

第四，混凝土搅拌站拌和混凝土；

第五，混凝土运输车输送混凝土；

第六，泥浆下直升导管法浇筑混凝土；

第七，采用"预设工字钢法"进行Ⅰ、Ⅱ期槽段连接；

第八，自制灌浆平台进行混凝土浇筑。

在施工前，先进行混凝土和泥浆的配合比及其性能试验，报送监理审查批准后实施。

（二）槽段划分

单元槽段长度的划分根据设计图纸要求确定，本工程槽段划分为：Ⅰ期槽孔长 6.0 m，共 6 段；Ⅱ期槽孔长 6.0 m，共 6 段（均为标准段）。

六、泥浆制作

第一，为保证成槽的安全和质量，护壁泥浆生产循环系统的质量控制是关系到槽壁稳定、砼质量及砂砾石层成槽的必备条件。

工程优先采用以优质膨润土为主、以少量的黏土为辅的泥浆制备材料，造孔用的泥浆材料必须经过现场检测合格后，方可使用。质量控制主要指标为比重 1.1~1.3，黏度 18~25 s，胶体率 95%，必要时可加适量的添加剂，制备泥浆性能指标应符合表中规定。

第二，拌制泥浆的方法及时间通过试验确定，并按批准或指示的配合比配制泥浆，计量误差值不大于 5%。泥浆搅制系统布置在防渗墙轴线的下游侧，泥浆搅拌站布置 1 m³ 泥浆搅拌机三台。制浆池、沉淀池、贮浆池容量各 200 m³，满足两个槽段同时施工用浆需求。泥浆制浆系统配制的泥浆通过现场布置的输送管输送到各段施工槽孔。

七、成槽工艺

根据地质结构情况，单元槽段成槽用抓斗成槽机进行挖槽，成槽机上有垂直最小显示装置，当偏差大于 1/300 时，则进行纠偏工作，纠偏可采取两种方法：一种是将槽段用砂土回填，再利用槽壁机挖槽；一种是根据成槽机上垂直度的显示装置，从偏差大于 1/300 的位置开始，逐步向下抓或空挖修整槽壁的倾斜。一般成槽垂直精度可达 1/500～1/300。抓斗工作宽度 2.8 m，一个标准槽段需要三幅抓斗才能完成，当抓斗至弱风化岩岩层时，改用冲击钻钻孔，直至达到设计位置。

抓斗每抓一次，应根据垂线观察抓斗的垂直及位置情况，然后下斗直到土面，若土质较硬则提起抓斗约 80 cm，冲击数次抓土，起斗时应缓慢，在斗出泥浆面时应即时回灌泥浆，保证一定的液面。抓取的泥土用自卸汽车运输至指定地方，不得就地卸土，待泥土较干时再采用挖沟机装上自卸汽车外运，冲孔的返浆沉积泥渣用泥浆车外运，不影响文明施工。

八、钢筋笼制作吊装

（一）钢筋笼制作平台设计

钢筋笼的加工制作应在离施工现场最近的地方，如某工程钢筋笼加工制作场地设在坝顶坝左 0+48.865 至坝左 0+089.34 段，防渗墙中心线上游段 16 m 外场地内。由于防渗墙特殊的工艺和精度要求，钢筋笼制作精度必须满足设计和施工要求，因此将钢筋笼在平整度≤5 mm 的硬化场地上制作加工，平台上要设置钢筋定位样板，确保钢筋位置的准确，钢筋笼的加工速度及顺序要和槽孔施工相一致，不宜积存过多的钢筋笼，以免增加倒运和造成钢筋笼变形。

（二）钢筋笼加工

地下防渗墙钢筋笼最大长度为 26 m，标准段宽 6 m，最重 11.32 t（含接头工字钢）。为保证钢筋笼加工质量和整体性，将采用整片制作吊装的方案。

钢筋笼加工制作时先将钢箍排列整齐，再将竖直主筋依次穿入钢箍（竖直主筋间隔错位搭接），采用间隔点焊就位，定位要准确。钢筋笼保护层用 100 mm×100 mm×10 mm 厚钢板按竖向间距 3~5 m 布置一块焊在钢筋笼主筋内外侧（每层布置 2~3 块）。钢筋笼加工时按设计的位置预留两个水下砼灌注导管孔，并做好标记。根据帷幕设计要求，防渗墙每幅须设置 4 根预埋管（φ110 钢管），在钢筋笼制作时，焊接在钢筋笼的内侧处，须避开导管预留位置布置。

（三）钢筋笼吊放

钢筋笼的端部设 8 个吊点，吊环采用 20 号圆钢制作，中间部位设置两个吊点，焊在钢桁架竖筋上，同时起吊钢筋笼的头部及中部。

起吊时应特别注意防止钢筋笼的扭曲，起吊钢筋笼采用 50 t 履带吊整片吊装。起吊时不能使钢筋笼下端在地面上拖引，以防造成下端钢筋弯曲变形。为防止钢筋笼吊起后在空中摆动，应在钢筋笼下端系上拽引绳以人力操纵。

插入钢筋笼时，最重要的是使钢筋笼对准单元槽段、垂直而又准确地插入槽内。钢筋笼进入槽内时，吊点中心必须对准槽段中心，然后徐徐下降，此时必须注意不要因起重臂摆动或其他影响而使钢筋笼产生横向摆动，造成槽壁坍塌。

如果钢筋笼不能顺利插入槽内，应立即吊出，查出原因加以解决，在修槽之后再吊放，不能强行插放，否则会引起钢筋笼变形或使槽壁坍塌，产生大量沉渣，而且预埋管位置将可能发生偏移。

为防止浇筑混凝土时钢筋笼上浮，可在钢筋笼上端设置 φ25 吊筋再配置在槽口工字钢上。

（四）钢筋笼入槽时的标高控制

制作钢筋笼时，选主桁架的两根立筋作为标高控制的基准，做好标记；下钢筋笼前测定主桁架位置处的导墙顶面标高，根据标高关系计算好固定钢筋笼于导墙上的设于焊接钢筋上的吊攀，钢筋笼下到位后用工字钢穿过吊攀将钢筋笼悬吊于导墙之上。下笼前技术人员根据实际情况下技术交底单，确保钢筋笼及预埋件位于槽段设计上的标高。

第五节　垂直防渗施工

近年来中央已投入大量资金对一些大中型、小型水库进行除险加固，取得了显著的综合效益。但目前仍然有大量的中小型水库存在重大安全隐患，中央已着手解决这类水库安全隐患。这些病险库大多分布于农村，建于 20 世纪 50—70 年代，受当时条件所限，许多中小型水库存在大坝坝身密实度不够、坝后排水不畅、坝身浸润线偏高、坝身、坝渗漏严重等工程隐患，若不进行除险加固，将严重威胁人民群众生命财产的安全。

垂直截渗的方案主要有如下形式：混凝土防渗墙、深层搅拌法水泥土防渗墙、高压喷射灌浆防渗墙、冲抓套井造黏土井桩防渗墙、黏土劈裂灌浆帷幕、水泥灌浆帷幕等。

一、混凝土防渗墙

混凝土防渗墙是在松散透水地基或土石坝坝体中连续造孔成槽，以泥浆固壁，在泥浆下浇筑混凝土而建成的起防渗作用的地下连续墙，是保证地基稳定和大坝安全的工程措施。就墙体材料而言，目前采用最多的是普通砼和塑性砼，其成槽的工法主要有钻劈法、钻抓法、抓取法、铣削法和射水法。

混凝土防渗墙施工一般都包括施工准备、槽孔建造、泥浆护壁、清孔换浆、水下混凝土浇筑、接头处理等重要环节。上述各个环节中槽孔建造投入的人力、设备最多、使用的设备最关键，是成墙过程中影响因数最多、技术也最复杂的一环，就成槽的工法而言，主要有如下四种：钻劈法、钻抓法、抓取法和射水法。

（一）钻劈法

钻劈法是用冲击钻机钻凿主孔和劈打副孔形成槽孔的一种防渗墙成槽方法，其适用于槽孔深度较大范围，从几米到上百米的都适应，墙体厚度 60 cm 以上，其优点是适应于各种复杂地层，其缺点是工效相对较低、机械装备落后、造价较高。对于复杂地层，其工效为 10~15 m²/台班（相对 60 cm 厚的墙体），其综合造价 450~550 元/m²。

（二）钻抓法

钻抓法是用冲击或回转钻机先钻主孔，然后用抓斗挖掘其间副孔，形成槽孔的一种防渗墙成槽施工方法。此工法与上一种工法类似，是用抓斗抓取副孔替代冲击钻劈打副孔，但两种工法施工机械组合不同，钻抓法工效高于钻劈法，工程规模较大地质不特别复杂，对于有砂卵石且要进入基岩的防渗墙成槽，一般采用此工法。对于防渗墙要穿过较大粒径的卵石、漂石进入坚硬的基岩层时，上部用冲击钻配合抓斗成槽，下部复杂地层由冲击钻成槽。此工法成槽墙体连续性好，质量易于控制和检查，施工速度较快等特点，成槽质量优于上一种工法。此工法的工效主要是根据地质情况选用成槽设备组合，如一般一台抓斗配 6 台冲击钻综合工效为 30~35 m²/台班，相对于墙厚 60 cm 的防渗墙，此工法综合造价 400~500 元/m²。

（三）抓取法

抓取法是只用抓斗挖掘地层，形成槽孔的一种防渗墙施工方法，抓取法施工时也分主孔与副孔。对于一般松软地层采用如堤防、土坝等且墙体只进入基岩强分化地层最适合抓取法，特别是采用薄型液压抓斗更能抓取 30 cm 厚度薄墙。抓取法的成墙深度一般小于 40 米，深度过深其工效显著降低。用抓取法建造的防渗墙，其墙段连方法多采用接头管法，而对于墙深度较大时，也可采用钻凿法。该工法的特点是适用于堤防、土坝性等一般松软地层，墙体连续性好，质量易于控制和检查，施工速度较快等。抓取法平均工效与地质、深度、厚度、设备状况等因素有关，一般在 60~160 m²/台班。相对于墙厚 60 cm 的防渗墙，此工法综合造价 400~500 元/m²，影响造价的主要因素是地质情况、深度和墙体厚度。

（四）射水法

射水法是国内 20 世纪 80 年代初期开始研究的一种防渗加固技术，现已发展到第三代机型，在垂直防渗领域大量用于堤防防渗加固处理，近几年在水库土坝坝身及坝基防渗也有应用。其主要原理：利用灰渣泵及成槽器中的射水喷嘴形成高速泥浆液流来切割、破碎地层岩土结构，同时卷扬机带动成槽器以及整套钻杆系统做上、下往复冲击运动，加速破碎地层。反循环砂石泵将水混合渣土吸出槽孔，排入沉淀池。槽孔由一定浓度的泥浆固壁，成槽器上的下刃口切割修整槽孔壁，形成具有一定规格的槽孔，成槽后采用水砼浇筑方法在槽内抗渗材料，形成槽板，用平接技术连接而成整体地下防渗墙。

射水法成墙的深度已突破 30 m，但一般在 30 m 以内为多。射水法成墙质量的关键是墙体的垂直度和两序槽孔接头质量，一般情况下，只要精心操作垂直度就易于保证质量。成墙接缝多，且采用平接头方式，这是此工法有别于其他工法之处。根据我公司的实践经验，只要两序槽孔长度合适，设备就位准确，保证二期槽孔施工时成槽器侧向喷嘴畅通，且防渗墙的接头质量是能够保证的。

射水法：具有地层适应性强、工效较高、成本适中的特点，最适宜于颗粒较小的软弱地层，如在粉细砂层，淤泥质粉质黏土地层中工效可达 80 m²/台班，在砂卵石地层工效相对较低，但普遍也能达到 35 m²/台班。由于在各种地层中的工效不同，材料用量也不一样，因此每平方米成墙造价也不同，一般 160~230 元/m²。

以上四种工法的原理、适用范围、特点及综合造价见表 3-1：

表 3-1 工法的原理、适用范围、特点及综合造价

工法	钻劈法	钻抓法	抓取法	射水法
原理	用冲击钻机钻凿主孔和劈打副孔形成槽孔	用冲击或回转钻机先钻主孔，然后用抓斗挖掘其间副孔，形成槽孔	用抓斗分主孔与副孔挖掘地层，形成槽孔	利用灰渣泵及成槽器中的射流来切割、破碎地层岩土结构，同时卷扬机带动成槽器冲击破碎地层形成槽孔
使用主要设备	冲击钻机钻	冲击钻（回转）机钻、液压（钢丝绳）抓斗	液压（钢丝绳）抓斗	射水成槽机
适用范围	各种地层包括地层中含有较大粒径的卵石、漂石和坚硬的基岩	各种地层包括地层中含有较大粒径的卵石、漂石和坚硬的基岩	松软土层、砂卵石层、基岩强分化层	松软土层、砂卵石层、基岩强分化层
特点	适应于各种复杂地层，成墙厚度在60 cm以上，成墙深度范围大；其缺点是工效相对较低，机械装备落后	适应于各种复杂地层，成墙厚度在60 cm以上，成墙深度范围大，成槽质量好，施工工效高；其缺点是造价较高	地层的适应性一般，成槽质量好，施工工效高，成墙厚度在30 cm以上，造价相对较低；其缺点是墙体不利于穿过较大粒径的卵石、漂石进入坚硬的基岩	地层的适应性一般，成槽质量好，成墙厚度在25 cm以上，墙厚薄，造价较低，设备简单；其缺点是墙体不利于穿过较大粒径的卵石、漂石进入坚硬的基岩
综合造价	450~550 元/m²（墙厚60 cm）	400~500 元/m²（墙厚60 cm）	400~500 元/m²（墙厚60 cm）	160~230 元/m²（墙厚30 cm）

二、深层搅拌法水泥土防渗墙

深层搅拌法水泥土防渗墙是利用钻搅设备将地基土水泥等固化剂搅拌均匀，使地基土固化剂之间产生一系列物理—化学反应，硬凝成具有整体性、水稳定性和一定强度的水泥土，深层搅拌法包括单头搅、双头搅、多头搅。水泥土防渗墙是深层搅拌法加固地基技术作为防渗方面的应用，这几年在堤防垂直防渗中得到大量应用，特别是为了适应和推广这

一技术，已研究出适应这一技术的专用设备——多头小直径深层搅拌截渗桩机。深搅法的特点是施工设备市场占有量大、施工速度快、造价低等，特别是采用多头搅形成薄型水泥土截渗墙，工效更高。此种工法成墙工效一般为 $45 \sim 200$ m²/台班，工程单价 $70 \sim 130$ 元/m²，影响造价的主要因素是墙体厚度、深度和地质情况。

深搅法处理深度一般不超过 20 m，比较适用于粉细以下的细颗粒地层，该技术形成的水泥土均匀性和底部的连续性在施工中应加以重视。

第四章　混凝土坝工程施工技术

第一节　施工组织计划

一、施工道路布置

混凝土水平运输采用自卸汽车运输，结合工程地形及各部位混凝土施工的具体情况，本工程混凝土水平运输路线主要有以下两条：

第一种：右岸下游混凝土拌和系统——下游道路—基坑，运距 600 m，该道路自基坑混凝土填筑施工时开始填筑，填筑至高程 1285 m，完成高程 1285 m 以下混凝土浇筑后，清除该道路后进行护坦、护坡及消力池施工。

第二种：右岸下游混凝土拌和系统——右岸上坝公路，运距 600~1000 m，顺延高程逐渐增大方向边填筑边修路，完成 1285~1319.20 m 高程填筑任务，本道路为本主体工程混凝土施工主干道。

二、负压溜槽布置

结合工程地形情况，大坝混凝土垂直入仓方式采用负压溜槽（ϕ500 mm）。考虑到混凝土拌和系统布置在左岸，故将负压溜槽布置在左坝肩 1319.20 拱端上游侧。混凝土运输距离近，且不受汛期下游河道涨水道路中断影响。负压溜槽主要担负 1311~1319.20 m 高程碾压混凝土施工。

三、施工用水

大坝混凝土施工用水：根据现场条件，在右岸布置 1 座 200 m³ 水池，水池为钢筋混凝土结构，布设 ϕ100 mm 钢管作为以保证大坝混凝土浇筑、灌浆、通水冷却施工等用水。水源主要以上游围堰通过机械抽水引至右岸 200 m³ 高位水池为主，右岸上下游冲沟 ϕ40 mm 管两根山泉自流水引至高位水池为辅。

砂石生产系统和混凝土拌和系统用水：从右岸 200 m³ 高位水池通过 ϕ80 mm 引至拌和站、ϕ40 mm 砂石系统等施工用水。

生活区用水：在大坝右岸坝肩平台上方，建造一个容量为 45 m³ 的钢筋混凝土水池作为生活用水池，同时也作为大坝施工用水备用水池。

四、施工用电

由业主提供的生活营地下右侧山包 1312 m 高程平台低压配电柜下口接线端，搭接电缆至大坝施工部位，拌和系统部位以保证大坝混凝土浇筑等施工用电需求。

砂石生产系统用电：采用砂石生产系统山体侧取 380 V 电源（专用 1 台 630 kVA 变压器），供砂石生产系统半成品和成品加工用电、生活用水等。

生活区用电：采用大坝右岸生活营地上方山包 1312 m 高程平台配电所所取 380 V 电源（专用 1 台 430 kVA 变压器），供生活用电。

五、施工程序

混凝土总体施工程序如下：

施工准备→坝基垫层混凝土浇筑→大坝坝体混凝土浇筑→溢流坝段闸墩及溢流面混凝土浇筑→消力池混凝土浇筑→门槽埋件及二期混凝土浇筑→坝顶混凝土浇筑→尾工清理→竣工验收。

六、主要施工工艺流程

主要施工工艺流程如下：

施工准备→混凝土配制→混凝土运输→混凝土卸料→摊平→浇捣及碾压→切缝→养护→进入下个循环。

七、主要施工措施

（一）混凝土分层、分块

混凝土分块按设计施工蓝图划分的坝块确定。

混凝土分层则根据大坝结构和坝体内建筑物的特点以及混凝土浇筑时段的温控要求，工期节点要求确定。碾压混凝土分层受温控条件，底部基础约束区浇筑块厚度控制 3 m 范围以内，脱离基础约束区后浇筑层厚度控制在 3 m 以内。局部位置根据建筑结构及现场实际情况进行适当调整，大坝碾压混凝土分块主要根据大坝结构、混凝土生产系统拌和强度、混凝土运输入仓强度及方式、坝体度汛要求等来进行划分的。

（二）模板工程

1. 模板选型与加工

根据大坝的结构特点，本标段大坝工程模板主要采用组合平面钢模板、木模板、多卡悬臂翻转模板、加工成型木制模板、散装钢模板等。基础部位以上的坝体上下游面主要采用定型组合多卡悬臂翻转模板，基础部位采用散装组合钢模板施工。坝体横缝面的模板采用预制混凝土模板。水平段基础灌浆、交通、排水廊道侧墙，采用组装钢模板，相交节点部分采用木制模板。廊道顶拱采用木制模板、散装钢模板组合等。

2. 模板施工

第一，模板支立前，必须按照结构物施工详图尺寸测量放样，并在已清理好的基岩上或已浇筑的混凝土面上设置控制点，严格按照结构物的尺寸进行模板支立。

第二，为了加快施工进度，采用吊车进行仓面模板支立。

第三，采用散装钢模板或异型模板立模时，要注意模板的支撑与固定，预先在基岩或仓面上设置锚环，拉条要平直且有足够强度，保证在浇筑过程中不走样变形。安装的模板与已浇筑的下层混凝土有足够的搭接长度，并连接紧密以免混凝土浇筑出现漏浆或错台。

第四，模板表面涂刷脱模剂，安装完毕后要检查模板之间有无缝隙，如有缝隙要进行堵漏，保证混凝土浇筑时不漏浆，拆模后表面光滑平整。

第五，混凝土浇筑完后，及时清理附着在模板上的混凝土和砂浆，根据不同的部位，确定模板的拆除时间，拆除下来的模板及时清除表面残留砂浆，修补整形以备下次使用。

第六，模板质量检查控制主要为模板的结构尺寸、模板的制作和安装误差、模板的支撑固定设施、模板的平整度和光洁度、模板缝的大小等是否符合规范及设计要求，通过以上控制程序保证模板的施工符合要求。

（三）钢筋工程

1. 钢筋的采购与保管

依据施工用材计划编制原材料采购计划，报项目经理审批通过后实施采购。原材料按不同等级、牌号、规格及生产厂家分批验收，分类堆放、做好标志、妥善保管。

2. 材质的检验

第一，每批各种规格的钢筋应有产品质量证明书及出厂检验单。使用前，依据GB 1499 的规定，以同一炉（批）号、同一截面尺寸的钢筋为一批，重量不大于 60 t，抽取试件做力学性能试验，并分批进行钢筋机械性能试验。

第二，根据厂家提供的钢筋质量证明书，检查每批钢筋的外观质量，并测量本批钢筋的代表直径。

第三，在每批钢筋中，选取经表面检查和尺寸测量合格的两根钢筋，各取一个拉力试件和一个冷弯试验（含屈服点、抗拉强度和延伸率试验）。如一组试验项目的一个试件不符合规定的数值时，则另取两倍数量的试件，对不合格的项目作第二次试验，如有一个试件不合格，则该批钢筋为不合格产品。须焊接的钢筋尚应做焊接工艺试验。

第四，钢筋混凝土结构用的钢筋应符合热轧钢筋主要性能的要求，水工结构非预应力混凝土中，不得使用冷拉钢筋。

第五，以另一种钢号（或直径）代替设计文件规定的钢筋时，须报监理工程师批准后使用。

3. 钢筋的制作

钢筋的加工制作应在加工厂内完成。加工前，技术员认真阅读设计文件和施工详图，以每仓位为单元，编制钢筋放样加工单，经复核后转入制作工序，以放样单的规格、型号选取原材料。依据有关规范的规定进行加工制作，成品、半成品经质检员及时检查验收，合格品转入成品区，分类堆放、标识。

4. 钢筋的安装

钢筋出厂前，依据放样单逐项清点，确认无误后，以施工仓位安排分批提取，用 5 ~ 8 t 或 10 t 半挂车运抵现场，由具备相应技能的操作人员现场安扎。

钢筋焊接和绑扎符合规定，以及按照施工图纸要求执行。绑扎时根据设计图纸，测放出中线、高程等控制点，根据控制点，对照设计图纸，利用预埋锚筋，布设好钢筋网骨架。钢筋网骨架设置核对无误后，铺设分布钢筋。钢筋采用人工绑扎，绑扎时使用扎丝梅花形间隔扎结，钢筋结构和保护层调整好后垫设预制混凝土块，并用电焊加固骨架确保牢固。

钢筋接头连接采用手工电弧焊或直螺纹、冷挤压等机械连接方式。焊工必须持证上岗，并严格按操作规程运作。

对于结构复杂的部位，技术人员应事先编制详细的施工流程图，并亲临现场交底、指导安装。

5. 钢筋工程的验收

钢筋的验收实行"三检"制，检查后随仓位验收一道报监理工程师终验签证。当墙体较薄，梁、柱结构较小，应请监理先确认钢筋的施工质量合格后，方可转入模板工序。

钢筋接头的连接质量的检验，由监理工程师现场随机抽取试件，三个同规格的试件为一组,进行强度试验,如有一个试件达不到要求,则双倍数量抽取试件,进行复验。若仍有一个试件不能达到要求,则该批制品即为不合格品。不合格品采取加固处理后,提交二次验收。

钢筋的绑扎应有足够的稳定性。在浇筑过程中,安排值班人员盯仓检查,发现问题及时处理。

第二节 碾压混凝土施工

一、原材料控制与管理

第一,碾压混凝土所使用原材料的品质必须符合国家标准和设计文件及本工法所规定的技术要求。

第二,水泥品质除符合现行国家标准普通硅酸盐水泥要求外,且必须具有低热、低脆性、无收缩的性能。

第三,粉煤灰质量按《水工混凝土掺用粉煤灰技术规范》Ⅱ级灰或准Ⅱ级灰要求进行控制。高温条件下施工时,为降低水化热及延长混凝土的初凝时间,粉煤灰掺量可适量增加,但总量应控制在65%以内。

第四,砂石骨料绝大部分采用红河天然砂石骨料。开采砂、石的质量须满足规范要求,粗骨料逊径不大于5%,超径10%,RCC用砂细度模数必须控制在2.3±0.2,且细粉料要达到18%,不许有泥团混在骨料中。试验室负责对生产的骨料按规定的项目和频数进行检测。

第五,外加剂质量按《水工混凝土外加剂技术规范》执行。为满足碾压混凝土层间结合时间的要求,必须根据温度变化的情况对混凝土外加剂品种及掺量进行适当调整,平均温度≤20 ℃时,采用普通型缓凝高效减水剂掺量,按基本掺量执行;温度高于30 ℃时,采用高温型缓凝高效减水剂掺量,掺量调整为0.7%~0.8%。在施工大仓面时,若间隔时不能保证在砼初凝时间之内覆盖第二层时,宜采用在RCC表喷含有1%的缓凝剂水溶液,并在喷后立即覆上彩条布,以防砼被晒干,保证上下层砼的结合。外加剂配制必须按试验室签发的配料单配制外加剂溶液,要求计量准确、搅拌均匀,试验室负责检查和测试。

第六,混凝土搅拌和养护用水应清洁,宜采用饮用水。

第七,凡用于主体工程的水泥、粉煤灰、外加剂、钢材均须按照合同及规范有关规定,做抽样复检,抽样项目及频数按抽样规定表执行。

第八，混凝土公司应根据月施工计划（必要时根据周计划）制订水泥、粉煤灰、外加剂、氧化镁、钢材等材料物资计划，物资部门保障供应。

第九，每一批水泥、粉煤灰、外加剂及钢筋进场时，物资部必须向生产厂家索取材料质保（检验）单，并交试验室，由物资部通知试验室及时取样检验。检验项目：水泥细度、安定性、标准稠度、抗压、抗折强度、粉煤灰（细度、需水量比、烧失量、SO_3）。严禁不符合规范要求的材料入库。

第十，仓库要加强对进场水泥、粉煤灰、外加剂等材料的保管工作，严禁回潮结块。袋装水泥贮藏期超过 3 个月、散装水泥超过 6 个月时，使用前进行试验，并根据试验结果来确定是否可以使用。

第十一，混凝土开盘前须检测砂、石料含水率、砂细度模数及含泥量，并对配合比做相应调整，即细度±0.2，砂率±1%。对原材料技术指标超过要求时，应及时通知有关部门立即纠正。

第十二，拌和车间对外加剂的配制和使用负责，严格按照试验室要求配制外加剂，使用时搅拌均匀，并定期校验计量器具，保证计量准确，混凝土外加剂浓度每天抽检一次。

第十三，试验室负责对各种原材料的性能和技术指标进行检验，并将各项检测结果汇入月报表中报送监理部门。所有减水剂、引气剂、膨胀剂等外加剂须在保质期内使用，进场后按相应材料保质保存措施进行，严禁使用过期失效外加剂。

二、配合比的选定

第一，碾压混凝土、垫层混凝土、水泥砂浆、水泥浆的配合比和参数选择按审批后的配合比执行。

第二，碾压混凝土配合比通过一个月施工统计分析后，如有需要，由工程处试验室提出配合比优化设计报告，报相关方审核批准后使用。

三、施工配料单的填写

第一，每仓混凝土浇筑前由工程部填写开仓证，注明浇筑日期、浇筑部位、混凝土强度等级、级配、方量等，交与现场试验室值班人员，由试验员签发混凝土配料单。

第二，施工配料单由试验室根据混凝土开仓证和经审批的施工配合比制定、填写。

第三，试验室对所签发的施工配料单负责，施工配料单必须经校核无误后使用，除试验室根据原材料变化按规范规定调整外，任何人无权擅自更改。

第四，试验室在签发施工配料单之前，必须对所使用的原材料进行检查及抽样检验，掌握各种原材料质量情况。

第五，试验室在配料单校核无误后立即送交拌和楼，拌和楼应严格按施工配料单进行拌制混凝土，严禁无施工配料单情况下拌制混凝土。

四、碾压混凝土施工前检查与验收

（一）准备工作检查

第一，由前方工段（或者值班调度）负责检查 RCC 开仓前的各项准备工作，如机械设备、人员配置、原材料、拌和系统、入仓道路（冲洗台）、仓内照明及供排水情况检查、水平和垂直运输手段等。

第二，自卸汽车直接运输混凝土入仓时，冲洗汽车轮胎处的设施符合技术要求，距大坝入仓口应有足够的脱水距离，进仓道路必须铺石料路面并冲洗干净、无污染。指挥长负责检查，终检员把它列入签发开仓证的一项内容进行检查。

第三，若采用溜管入仓时，检查受料斗弧门运转是否正常、受料斗及溜管内的残渣是否清理干净、结构是否可靠、能否满足碾压混凝土连续上升的施工要求。

第四，施工设备的检查工作应由设备使用单位负责（如运输车间）。

（二）仓面检查验收工作

1. 工程施工质量管理

实行"三检"制：班组自检，作业队复检，质检部终检。

2. 基础或混凝土施工缝处理的检查项目

建基面、地表水和地下水、岩石清洗、施工缝面毛面处理、仓面清洗、仓面积水。

3. 模板的检查项目

①是否按整体规划进行分层、分块和使用规定尺寸的模板。

②模板及支架的材料质量。

③模板及支架结构的稳定性、刚度。

④模板表面相邻两面板高差。

⑤局部不平。

⑥表面水泥砂浆黏结。

⑦表面涂刷脱模剂。

⑧接缝缝隙。

⑨立模线与设计轮廓线偏差。

⑩留孔、洞尺寸及位置偏差。

⑪测量检查、复核资料。

4. 钢筋的检查项目

①审批号、钢号、规格。

②钢筋表面处理。

③保护层厚度局部偏差。

④主筋间距局部偏差。

⑤箍筋间距局部偏差。

⑥分布筋间距局部偏差。

⑦安装后的刚度及稳定性。

⑧焊缝表面。

⑨焊缝长度。

⑩焊缝高度。

⑪焊接试验效果。

⑫钢筋直螺纹连接的接头检查。

5. 止水、伸缩缝的检查项目

①是否按规定的技术方案安装止水结构（如加固措施、混凝土浇筑等）。

②金属止水片和橡胶止水带的几何尺寸。

③金属止水片和橡胶止水带的搭接长度。

④安装偏差。

⑤插入基础部分。

⑥敷沥青麻丝料。

⑦焊接、搭接质量。

⑧橡胶止水带塑化质量。

6. 预埋件的检查项目

①预埋件的规格。

②预埋件的表面。

③预埋件的位置偏差。

④预埋件的安装牢固性。

⑤预埋管子的连接。

7. 混凝土预制件的安装

①混凝土预制件外形尺寸和强度应符合设计要求。

②混凝土预制件型号、安装位置应符合设计要求。

③混凝土预制件安装时其底部及构件间接触部位连接应符合设计要求。

④主体工程混凝土预制构件制作必须按试验室签发的配合比施工，并由试验室检查，出厂前应进行验收，合格后方能出厂使用。

8. 灌浆系统的检查项目

①灌浆系统埋件（如管路、止浆体）的材料、规格、尺寸应符合设计要求。

②埋件位置要准确、固定，并连接牢固。

③埋件的管路必须畅通。

9. 入仓口

汽车直接入仓的入仓口道路的回填及预浇常态混凝土道路的强度（横缝处），必须在开仓前准备就绪。

10. 仓内施工设备

包括振动碾、平仓机、振捣器和检测设备，必须在开仓前按施工要求的台数就位，并保持良好的机况，无漏油现象发生。

（三）验收合格证签发和施工中的检查

第一，施工单位内部"三检"制对各条款全部检查合格后，由质检员申请监理工程师验收，经验收合格后，由监理工程师签发开仓证。

第二，未签发开仓合格证，严禁开仓浇筑混凝土，否则做严重违章处理。

第三，在碾压混凝土施工过程中，应派人值班并认真保护，发现异常情况及时认真检查处理，如损坏严重应立即报告质检人员，通知相关作业队迅速采取措施纠正，并须重新进行验仓。

第四，在碾压混凝土施工中，仓面每班专职质检人员包括质检员一人，试验室检测员两人，质检人员应相互配合，对施工中出现的问题，须尽快反映给指挥长，指挥长负责协调处理。仓面值班监理工程师或质检员发现质量问题时，指挥长必须无条件按监理工程师或质检员的意见执行，如有不同意见可在执行后向上级领导反映。

五、混凝土拌和与管理

(一) 拌和管理

第一，混凝土拌和车间应对碾压混凝土拌和生产与拌和质量全面负责。值班试验工负责对混凝土拌和质量全面监控，动态调整混凝土配合比，并按规定进行抽样检验和成形试件。

第二，为保证碾压混凝土连续生产，拌和楼和试验室值班人员必须坚守岗位，认真负责和填写好质量控制原始记录，严格坚持现场交接班制度。

第三，拌和楼和试验室应紧密配合，共同把好质量关，对混凝土拌和生产中出现的质量问题应及时协商处理，当意见不一致时，以试验室的处理意见为准。

第四，拌和车间对拌和系统必须定期检查、维修保养，保证拌和系统正常运转和文明施工。

第五，工程处试验室负责原材料、配料、拌和物质量的检查检验工作，负责配合比的调整优化工作。

(二) 混凝土拌和

第一，混凝土拌和楼计量必须经过计量监督站检验合格才能使用。拌和楼称量设备精度检验由混凝土拌和车间负责实施。

第二，每班开机前（包括更换配料单），应按试验室签发的配料单定称，经试验室值班人员校核无误后方可开机拌和。用水量调整权属试验室值班人员，未经当班试验员同意，任何人不得擅自改变用水量。

第三，碾压混凝土料应充分搅拌均匀，满足施工的工作度要求，其投料顺序按砂+小石+中石+大石→水泥+粉煤灰→水+外加剂，投料完后，强制式拌和楼拌和时间为 75 s（外掺氧化镁 60 s），自落式拌和楼拌和时间为 150 s（外掺氧化镁加 60 s）。

第四，混凝土拌和过程中，试验室值班人员对出机口混凝土质量情况加强巡视、检查，发现异常情况应查找原因并及时处理，严禁不合格的混凝土入仓。

第五，拌和过程中，拌和楼值班人员应经常观察灰浆在拌和机叶片上的黏结情况，若黏结严重应及时清理。交接班之前，必须将拌和机内黏结物清除。

第六，配料、拌和过程中出现漏水、漏液、漏灰和电子秤频繁跳动现象后，应及时检修，严重影响混凝土质量时应临时停机处理。

第七，混凝土施工人员均必须在现场岗位上交接班，不得因交接班中断生产。

第八，拌和楼机口混凝土 VC 值控制，应在配合比设计范围内，根据气候和途中损失值情况由指挥长通知值班试验员进行动态控制。如若超出配合比设计调整值范围，值班试验员须报告工程处试验室，由工程处试验室对 VC 值进行合理的变更，变更时应保持 $W/C+F$ 不变。

六、混凝土运输

（一）自卸汽车运输

第一，由驾驶员负责自卸汽车运输过程中的相关工作，每一仓块混凝土浇筑前后应冲洗汽车车厢使之保持干净，自卸汽车运输 RCC 应按要求加盖遮阳棚，减少 RCC 温度回升，仓面混凝土带班负责检查执行情况。

第二，采用自卸汽车运输混凝土时，车辆行走的道路必须平整，自卸汽车入仓道路采用道路面层用小碎渣填平，防止坑洼及路基不稳，道路面层铺设洁净卵（碎）石。

第三，混凝土浇筑块开仓前，由前方工段负责进仓道路的修筑及其路况的检查，发现问题及时安排整改。冲洗人员负责自卸汽车入仓前用洗车台或人工用高压水将轮胎冲洗干净，并经脱水路面以防将水带入仓面，轮胎冲洗情况由砼值班人员负责检查。

第四，汽车装运混凝土时，司机应服从放料人员指挥。由集料斗向汽车放料时，自卸汽车驾驶员必须坚持分二次受料，防止高堆骨料分离，装满料后驾驶室应挂标志牌，标明所装混凝土的种类后才可驶离拌和楼，未挂标志牌的汽车不得驶离拌和楼进入浇筑仓内。装好的料必须及时运送到仓面，倒料时必须按要求带条依次倒料，混凝土进仓采用进占式，倒料叠压在已平仓的混凝土面上，倒完料后车必须立即开出仓外。

第五，驾驶员负责在仓面运输混凝土的汽车应保持整洁，加强保养、维修，保持车况良好，无漏油、漏水。

第六，自卸汽车进仓后，司机应听从仓面指挥长的指挥，不得擅自乱倒。自卸汽车在仓面上应行驶平稳、严格控制速度，无论是空车还是载重，其行驶速度必须控制在 5 km/h 之内，行车路线尽量避开已铺砂浆或水泥浆的部位，避免急刹车、急转弯等有损 RCC 质量的操作。

（二）溜管运行管理

第一，溜管安装应符合设计要求。溜管由受料斗、溜管、缓降器、阀门、集料斗（或转向溜槽、或运输汽车）等部分组成。

第二，溜管在安装后必须经过测试、验收合格，方可投入生产。

第三，仓面收仓后、RCC 终凝前，如须对溜槽冲洗保养，其出口段设置水箱接水，防止冲洗水洒落仓内。

七、仓内施工管理

(一) 仓面管理

第一，碾压混凝土仓面施工由前方工段负责，全面安排、组织、指挥、协调碾压混凝土施工，对进度、质量、安全负责。前方工段应接受技术组的技术指导，遇到处理不了的技术问题时，应及时向工程部反映，以便尽快解决。

第二，试验室现场检测员对施工质量进行检查和抽样检验，按规定填写记录。发现问题应及时报告指挥长和仓面质检员，并配合查找原因且做详细记录，如发现问题不报告则视为失职。

第三，所有参加碾压混凝土施工的人员，必须遵守现场交接班制度，坚守工作岗位，按规定做好施工记录。

第四，为保持仓面干净，禁止一切人员向仓面抛掷任何杂物（如烟头、矿泉水瓶等）。

(二) 仓面设备管理

1. 设备进仓
第一，仓面施工设备应按仓面设计要求配置齐全。

第二，设备进仓前应进行全面检查和保养，使设备处于良好运行状态方可进入仓面，设备检查由操作手负责，要求做详细记录并接受机电物资部的检查。

第三，设备在进仓前应进行全面清洗，汽车进仓前应把车厢内外、轮胎、底部、叶子板及车架的污泥冲洗干净，冲洗后还必须脱水干净方可入仓，设备清洗状况由前方工段不定期检查。

2. 设备运行
第一，设备的运行应按操作规程进行，设备专人使用，持证上岗，操作手应爱护设备，不得随意让别人使用。

第二，驾驶员负责汽车在碾压混凝土仓面行驶时，应避免紧急刹车、急转弯等有损混凝土质量的操作，汽车卸料应听从仓面指挥，指挥必须采用持旗和口哨方式。

第三，施工设备应尽可能利用 RCC 进仓道路在仓外加油，若在仓面加油必须采取铺垫地毡等措施，以保护仓面不受污染，质检人员负责监督检查。

3. 设备停放

第一，仓面设备的停放由调度来安排，做到设备停放文明整齐，操作手必须无条件服从指挥，不使用的设备应撤出仓面。

第二，施工仓面上的所有设备、检测仪器工具，暂不工作时，均应停放在指定的位置上或不影响施工的位置。

4. 设备维修

第一，设备由操作手定期维修保养，维修保养要求做详细记录，出现设备故障情况应及时报告仓面指挥长和机电物资部。

第二，维修设备应尽可能利用碾压混凝土入仓道路开出仓面，或吊出仓面，如必须在仓面维修时，仓面须铺垫地毡，保护仓面不受污染。

（三）仓面施工人员管理

1. 允许进入仓面人员的规定

第一，凡进入碾压混凝土仓面的人员必须将鞋子上的污泥洗净，禁止向仓面抛掷任何杂物。

第二，进入仓面的其他人员行走路线或停留位置不得影响正常施工。

2. 施工人员的培训与教育

第一，施工人员必须经过培训并经考核合格、具备施工能力方可参加 RCC 施工。

第二，施工技术人员要定期进行培训，加强继续教育，不断提高素质和技术水平。

第三，培训工作由混凝土公司负责，工程部协助，各种培训工种按一体化要求进行计划、等级和考核。

（四）卸料

1. 铺筑

180 高程以下碾压混凝土采用汽车直接进仓，大仓面薄层连续铺筑，每层间隔层为 3 m，为了缩短覆盖时间，采用条带平推法，铺料厚度为 35 cm，每层压实厚度为 30 m。高温季节或雨季应考虑斜层铺筑法。

2. 卸料

第一，在施工缝面铺第一碾压层卸料前，应先均匀摊铺 1~1.5 cm 厚的水泥砂浆，随铺随卸料，以利层面结合。

第二，采用自卸汽车直接进仓卸料时，为了减少骨料分离，卸料宜采用双点叠压式卸料。卸料尽可能均匀，料堆旁出现的少量骨料分离，应由人工或其他机械将其均匀地摊铺到未碾压的混凝土面上。

第三，仓内铺设冷却水管时，冷却水管铺设在第一个碾压混凝土坯层"热升层"30 cm 或 1.5 m 坯层上，避免自卸汽车直接碾压 HDPE 冷却水管，造成水管破裂渗漏。

第四，采用吊罐入仓时，由吊罐指挥人员负责指挥，卸料自由高度不宜大于 1.5 m。

第五，卸料堆边缘与模板距离不应小于 1.2 m。

第六，卸料平仓时应严格控制三级配和二级配混凝土分界线，分界线每 20 m 设一红旗进行标识，混凝土摊铺后的误差对于二级配不允许有负值，也不得大于 50 cm，并由专职质检员负责检查。

第三节　混凝土水闸施工

一、施工准备

第一，按施工图纸及招标文件要求制订混凝土施工作业措施计划，并报监理工程师审批。

第二，完成现场试验室配置，包括主要人员、必要试验仪器设备等。

第三，选定合格原材料供应源，并组织进场、进行试验检验。

第四，设计各品种、各级别混凝土配合比，并进行试拌、试验，确定施工配合比。

第五，选定混凝土搅拌设备，进场并安装就位，进行试运行。

第六，选定混凝土输送设备，修筑临时浇筑便道。

第七，准备混凝土浇筑、振捣、养护用器具、设备及材料。

第八，进行特殊气候下混凝土浇筑准备工作。

第九，安排其他施工机械设备及劳动力组合。

二、混凝土配合比

工程设计所采用的混凝土品种主要为 C30，二期混凝土为 C40，在商品混凝土厂家选定后分别进行配合比的设计，用于工程施工的混凝土配合比，应通过试验并经监理工程师审核确定，在满足强度耐久性、抗渗性、抗冻性及施工要求的前提下，做到经济合理。

混凝土配合比设计步骤如下：

（一） 确定混凝土试配强度

为了确保实际施工混凝土强度满足设计及规范要求，混凝土的试配强度要比设计强度提高一个等级。

（二） 确定水灰比

严格按技术规范要求，根据所有原料、使用部位、强度等级及特殊要求分别计算确定。实际选用的水灰比应满足设计及规范的要求。

（三） 确定水泥用量

水泥用量以不低于招标文件规定的不同使用部位的最小水泥用量确定，且能满足规范需要及特殊用途混凝土的性能要求。

（四） 确定合理的含砂率

砂率的选择依据所用骨料的品种、规格、混凝土水灰比及满足特殊用途混凝土的性能要求来确定。

（五） 混凝土试配和调整

按照经计算确定的各品种混凝土配合比进行试拌，每品种混凝土用三个不同的配合比进行拌和试验并制作试压块，根据拌和物的和易性、坍落度、28 天抗压强度、试验结果，确定最优配合比。

对于有特殊要求（如抗渗、抗冻、耐腐蚀等）的混凝土，则须根据经验或外加剂使用说明按不同的掺入料、外加剂掺量进行试配并制作试压块，根据拌和物的和易性、坍落度和 28 天抗压强度、特殊性能实验结果，确定最优配合比。

在实际施工中，要根据现场骨料的实际含水量调整设计混凝土配合比的实际生产用水量并报监理工程师批准。同时在混凝土生产过程中随时检查配料情况，如有偏差及时调整。

三、混凝土运输

工程商品混凝土使用泵送混凝土，运输方式为混凝土罐车陆路运输，从出厂到工地现场距离约为 30 km，用时约为 40 min。

四、混凝土浇筑

工程主体结构以钢筋混凝土结构为主，施工安排遵循"先主后次、先深后浅、先重后轻"的原则，以闸室、翼墙、导流墩、便桥为施工主线，防渗铺盖、护底、护坡、护面等穿插进行。

建筑物的分块分层：工程建筑物的施工根据各部位的结构特点、形式进行分块、分层。底板工程分块以设计分块为准。

（一）闸室、泵室

底板以上分闸墩、排架两次到顶。

（二）上下游翼墙

底板以上一次到顶。

五、部位施工方法

（一）水闸施工内容

第一，地基开挖、处理及防渗、排水设施的施工。

第二，闸室工程的底板、闸墩、胸墙及工作桥等施工。

第三，上、下游连接段工程的铺盖、护坦、海漫及防冲槽的施工。

第四，两岸工程的上、下游翼墙、刺墙及护坡的施工。

第五，闸门及启闭设备的安装。

（二）平原地区水闸施工特点

第一，施工场地开阔，现场布置方便。

第二，地基多为软基，受地下水影响大，排水困难，地基处理复杂。

第三，河道流量大，导流困难，一般要求一个枯水期完成主要工程量的施工，施工强度大。

第四，水闸多为薄而小的混凝土结构，仓面小，施工有一定的干扰。

（三）水闸混凝土浇筑次序

混凝土工程是水闸施工的主要环节（占工程时间一半以上），必须重点安排，施工时可按下述次序考虑：

第一，先浇深基础，后浅基础，避免浅基础混凝土产生裂缝。

第二，先浇影响上部工程施工的部位或高度较大的工程部位。

第三，先主要后次要，其他穿插进行。

（四）闸基开挖与处理

1. 软基开挖

第一，可用人工和机械方法开挖，软基开挖受动水压力的影响较大，易产生流砂、边坡失稳现象，所以关键是减小动水压力。

第二，防止流砂的方法（减小动水压力）：

（1）人工降低地下水位

可增加土的安息角和密实度，减小基坑开挖和回填量。可用无砂混凝土井管或轻型井点排水。

（2）滤水拦砂法稳定基坑边坡

当只能用明式排水时，可采用如下方法稳定边坡：

①苇捆叠砌拦砂法；

②柴枕拦砂法；

③坡面铺设护面层。

2. 软基处理

（1）换土法

当软基土层厚度不大，可全部挖出，可换填砂土或重粉质壤土，分层夯实。

（2）排水法

采用加速排水固结法，提高地基承载力，通常用砂井预压法。砂井直径为 $30\sim50$ cm，井距为 $4\sim10$ 倍的井径，常用范围 $2\sim4$ m。一般用射水法成井，然后灌注级配良好的中粗砂，成为砂井。井上区域覆盖 1 m 左右的砂，做排水和预压载重，预压荷载一般为设计荷载的 $1.2\sim1.5$ 倍。砂井深度以 $10\sim20$ m 为宜。

（3）振冲法

用振冲器在土层中振冲成孔，同时填以最大粒径不超 5 cm 的碎石或砾石，形成碎石桩以达到加固地基的目的。桩径为 $0.6\sim1.1$ m，桩距 $1.2\sim2.5$ m，适用于松砂地基，也可用于黏性土地基。

（五）闸室施工（平底板）

由于受运用条件和施工条件等的限制，混凝土被结构缝和施工缝划分为若干筑块。一般采用平层浇筑法。当混凝土拌和能力受到限制时，亦可用斜层浇筑法。

1. 搭设脚手架，架立模板

利用事先预制的混凝土柱，搭设脚手架。底板较大时，可采用活动脚手浇筑方案。

2. 混凝土的浇筑

可分两个作业组，分层浇筑。先一、二组同时浇筑下游齿墙，待齿墙浇平后，将一组调到上游浇齿墙，二组则从下游向上游开始浇第一坯混凝土。

（六）闸墩施工

1. "铁板螺栓，对拉撑木"的模板安装

采用对销螺栓、铁板螺栓保证闸墩的厚度，并固定横、纵围图，铁板螺栓还有固定对拉撑木之用，对销螺栓与铁板螺栓间隔布置。对拉撑木保证闸墩的铅直度和不变形。

2. 混凝土的浇筑

须解决好同一块闸底板上混凝土闸墩的均衡上升和流态混凝土的入仓及仓内混凝土的铺筑问题。

（七）止水设施的施工

为了适应地基的不均匀沉降和伸缩变形，水闸设计应设置温度缝和沉陷缝（一般用沉陷缝代替温度缝的作用）。沉陷缝有铅直和水平两种，缝宽 1.0~2.5 cm，缝内设填料和止水。

1. 沉陷缝填料的施工

常用的填料有沥青油毛毡、沥青杉木板、沥青芦席等。其安装方法如下：

（1）先固定填料，后浇混凝土

先用铁钉将填料固定在模板内侧，然后浇筑混凝土，这样拆模后填料即可固定在混凝土上。

（2）先浇混凝土，后固定填料

在浇筑混凝土时，先在模板内侧钉长铁钉数排（使铁钉外露长度的 2/3），待混凝土浇好、拆模后，再将填料钉在铁钉上，并敲弯铁钉，使填料固定在混凝土面上。

2. 止水的施工

位于防渗范围内的缝，都应设止水设施。止水缝应形成封闭整体。

（1）水平止水

常用塑料止水带，施工方法同填料。

（2）垂直止水

止水部分的金属片，重要部分用紫铜片，一般用铝片、镀锌铁皮或镀铜铁皮等。

对于须灌注沥青的结构形式，可按照沥青井的形状预制混凝土槽板，每节长度可为 0.3~0.5 m 左右，与流态混凝土的接触面应凿毛，以利结合。安装时须涂抹水泥砂浆，随缝的上升分段接高。沥青井的沥青可一次灌注，也可分段灌注。止水片接头要进行焊接。

（3）接缝交叉的处理

①交叉缝的分类

A. 垂直交叉：垂直缝与水平缝的交叉。

B. 水平交叉：水平缝与水平缝的交叉。

②处理方法

A. 柔性连接：在交叉处止水片就位后，用沥青块体将接缝包裹起来。一般用于垂直交叉处理。

B. 刚性连接：将交叉处金属片适当裁剪，然后用气焊焊接。一般用于水平交叉连接。

（八）门槽二期混凝土施工

大中型水闸的导轨、铁件等较大、较重，在模板上固定较为困难，宜采用预留槽，浇二期混凝土的施工方法。

1. 门槽垂直度控制

采用吊锤校正门槽和导轨模板的铅直度，吊锤可选用 0.5~1.0 kg 的大垂球。

2. 门槽二期混凝土浇筑

第一，在闸墩立模时，于门槽部位留出较门槽尺寸大的凹槽，并将导轨基础螺栓埋设于凹槽内侧，浇筑混凝土后，基础螺栓固定于混凝土内。

第二，将导轨固定于基础螺栓上，并校正位置准确，浇筑二期混凝土。二期混凝土用细骨料混凝土。

六、混凝土养护

混凝土的养护对强度增长、表面质量等至关重要，混凝土的养护期时间应符合规范要求，在养护期前期应始终保持混凝土表面处于湿润状态，其后养护期内应经常进行洒水养护，确保混凝土强度的正常增长条件，以保证建筑物在施工期和投入使用初期的安全性。

工程底部结构采用草包、塑料薄膜覆盖养护，中上部结构采用塑料喷膜法养护，即将塑料溶液喷洒在混凝土表面上，溶液挥发后，混凝土表面形成一层薄膜，阻止混凝土中的水分不再蒸发，从而完成混凝土的水化作用。为达到有效养护目的，塑料喷膜要保持完整性，若有损坏应及时补喷，喷膜作业要与拆模同步进行，模板拆到哪里喷到哪里。

七、施工缝处理

在施工缝处继续浇筑混凝土前，首先对混凝土接触面进行凿毛处理，然后清除混凝土废渣、薄膜等杂物以及表面松动砂石和混凝土软弱层，再用水冲洗干净并充分湿润，浇筑前清除表面积水，并在表面铺一层与混凝土中砂浆配合比一致的砂浆，此时方可开始进行混凝土浇筑。浇筑时要加强对施工缝处混凝土的振捣，使新老混凝土结合严密。

施工缝位置的钢筋回弯时，要做到钢筋根部周围的混凝土不至于受到影响而造成松动和破坏，钢筋上的油污、水泥浆及浮锈等杂物应清除干净。

八、二期混凝土施工

二期混凝土浇筑前，应详细检查模板、钢筋及预埋件尺寸、位置等是否符合设计及规范的要求，并做检查记录，报监理工程师检查验收。一期混凝土彻底打毛后，用清水冲洗干净并浇水保持 24 小时湿润，以使二期混凝土与一期混凝土牢固结合。

二期混凝土浇筑空间狭小，施工较为困难，为保证二期混凝土的浇筑质量，可采取减小骨料粒径、增加坍落度，使用软式振捣器，并适当延长振捣时间等措施，确保二期混凝土浇筑质量。

九、大体积混凝土施工技术

工程混凝土块体较多，如闸身底板、泵站底板、墩墙等，均属大体积混凝土。混凝土在硬化期间，水泥的水化过程释放大量的水化热，由于散热慢，水化热大量积聚，造成混凝土内部温度高、体积膨胀大，而表面温度低，产生拉应力。当温差超过一定的限度时，使混凝土拉应力超过抗拉强度，就产生裂缝。混凝土内部达到最高温度后，热量逐渐散发而达到使用温度或最低温度，二者之差便形成内部温差，促使了混凝土内部产生收缩。再加上混凝土硬化过程中，由于混凝土拌和水的水化和蒸发，以及胶质体的胶凝作用，促进了混凝土的收缩。这两种收缩在进行时，受到基底及结构自身的约束而产生收缩力。当这种收缩应力超过一定的限度时，就会贯穿混凝土断面，成为结构性裂缝。

针对以上成因，为了能有效地预防混凝土裂缝的产生，本工程施工过程中，将从混凝土原材料质量、方式工艺、混凝土养护等方面，预防混凝土裂缝产生。

（一）混凝土原材料质量控制措施

第一，严格控制砂石材料质量，选用中粗砂和粒径较大石子，砂石含泥量控制在规范允许范围内。

第二，水泥供应到工后，做到不受潮、不变质，先到先用。

第三，各种材料到工后，做到及时检测。对不合格料应及时处理，清理出场。

（二）施工工艺控制措施

1. 混凝土浇筑成型过程

第一，混凝土施工前，制订详细的混凝土浇筑方案，混凝土生产能力必须满足最大浇筑强度要求，相邻坯层混凝土覆盖的间隔时间满足施工规范要求，避免产生施工冷缝。混凝土振捣要依次振捣密实，不能漏振，分层浇筑时，振捣棒要深入下层混凝土中，以确保混凝土结合面的质量。

第二，在浇筑过程中，要及时排除混凝土表面泌水，混凝土浇筑完成后，按设计标高用刮尺将混凝土抹平。在混凝土成型后，采用真空吸水措施，排除混凝土多余水分，然后用木蟹拓磨压实，最后收光压面，以提高混凝土表面密实度。

第三，在混凝土浇筑过程中，要确保钢筋保护层厚度。

第四，混凝土施工缝处理要符合施工规范要求，混凝土接合面充分凿毛，表面冲洗干净，混凝土浇筑前，必须先铺摊与混凝土相同配合比水泥砂浆，以提高混凝土施工缝黏接强度。

2. 拆模过程

第一，适当延迟侧向模板拆模时间，以保持表面温度和湿度，减少气温陡降和收缩裂缝。

第二，承重模板必须符合规范要求。

3. 混凝土养护措施

第一，混凝土浇筑后，安排专人进行养护。对底板部分，表面采用草包覆盖、浇水养护措施，保持表面湿润。

第二，夏季施工时，新浇混凝土应防止烈日直射，采用遮阳措施。

十、混凝土工程质量控制

第一，按招标文件及规范要求制订混凝土工程施工方案，并报请监理工程师审批。

第二，严格按规范和招标文件的要求标准选用混凝土配制所用的各种原辅材料，并按规定对每批次进场材料进行抽样检测。

第三，严格按规范和招标文件的要求设计混凝土配合比，并通过试验证明符合相关规定及使用要求，尤其是有特殊性能要求的混凝土。

第四，加强混凝土现场施工的配料计量控制，随时检查、调整，确保混凝土配料准确，并按规范规定和监理工程师的指令，在出机口及浇筑现场进行混凝土取样试验，并制作混凝土试压块。关键部位浇筑时应有监理工程师旁站。

第五，控制混凝土熟料的搅拌时间、坍落度等满足规范要求，确保拌和均匀。混凝土的拌和程序和时间应符合规范规定。

第六，混凝土浇筑入仓要有适宜措施，避免大高差跌落造成混凝土离析。

第七，按规范要求进行混凝土的振捣，确保混凝土密实度。

第八，做好雨季混凝土熟料及仓面的防雨措施，浇筑中严禁在仓内加水。

第九，加强混凝土浇筑值班巡查工作，确保模板位置、钢筋位置及保护层、预埋件位置准确无误。

第十，做好混凝土正常养护工作，浇水养护时间不低于规范和招标文件的要求。

第十一，按规范规定做好对结构混凝土表面的保护工作。

第四节 大体积混凝土的温度控制

一、裂缝的产生原因

大体积混凝土施工阶段产生的温度裂缝，是其内部矛盾发展的结果，一方面是混凝土内外温差产生应力和应变，另一方面是结构的外约束和混凝土各质点间的内约束阻止这种应变，一旦温度应力超过混凝土所能承受的抗拉强度，就会产生裂缝。

（一）水泥水化热

在混凝土结构浇筑初期，水泥水化热引起温升，且结构表面自然散热。因此，在浇筑后的 3~5 d，混凝土内部达到最高温度。混凝土结构自身的导热性能差，且大体积混凝土由于体积巨大，本身不易散热，水泥水化现象会使得大量的热聚集在混凝土内部，使得混凝土内部迅速升温。而混凝土外露表面容易散发热量，这就使得混凝土结构温度内高外低，且温差很大，形成温度应力。当产生的温度应力（一般是拉应力）超过混凝土当时的抗拉强度时，就会形成表面裂缝。

（二）外界气温变化

大体积混凝土结构在施工期间，外界气温的变化对防止大体积混凝土裂缝的产生有着很大的影响。混凝土内部的温度是由浇筑温度、水泥水化热的绝热温度和结构的散热温度等各种温度叠加之和组成。浇筑温度与外界气温有着直接关系，外界气温愈高，混凝土的浇筑温度也就会愈高；如果外界温度降低则又会增加大体积混凝土的内外温差梯度。如果外界温度的下降过快，会造成很大的温度应力，极其容易引发混凝土的开裂。另外外界的湿度对混凝土的裂缝也有很大的影响，外界的湿度降低会加速混凝土的干缩，也会导致混凝土裂缝的产生。

二、温度控制措施

针对大体积混凝土温度裂缝成因，可从以下两方面制定温控防裂措施：

（一）温度控制标准

混凝土温度控制的原则包括：第一，尽量降低混凝土的温升、延缓最高温度出现时间；第二，降低降温速率；第三，降低混凝土中心和表面之间、新老混凝土之间的温差以及控制混凝土表面和气温之间的差值。温度控制的方法和制度须根据气温（季节）、混凝土内部温度、结构尺寸、约束情况、混凝土配合比等具体条件确定。

（二）混凝土的配制及原料的选择

1. 使用水化热低的水泥

由于矿物成分及掺和料数量不同，水泥的水化热差异较大。铝酸三钙和硅酸三钙含量高的，水化热较高，掺和料多的水泥水化热较低。因此，选用低水化热或中水化热的水泥品种配制混凝土。采取到货前先临时贮存散热的方法，确保混凝土搅拌时水泥温度尽可能较低。

2. 使用微膨胀水泥

使用微膨胀水泥的目的是在混凝土降温收缩时膨胀，补偿收缩，防止裂缝。但目前使用的微膨胀水泥，大多膨胀过早，即混凝土升温时膨胀，降温时已膨胀完毕也开始收缩，只能使升温的压应力稍有增大，补偿收缩的作用不大。所以应该使用后膨胀的微膨胀水泥。

3. 控制砂、石的含泥量

严格控制砂的含泥量使之不大于3%；石子的含泥量，使之不大于1%，精心设计、选择混凝土成分配合时尽可能采用粒径较大、质量优良、级配良好的石子。粒径越大、级配良好，骨料的孔隙率和表面积越小，用水量减少，水泥用量也少。在选择细骨料时，其细度模数宜在26~29。工程实践证明，采用平均粒径较大的中粗砂，比采用细砂每方混凝土中可减少用水量20~25 kg，水泥相应减少28~35 kg，从而降低混凝土的干缩，减少水化热，对混凝土的裂缝控制有重要作用。

4. 采用线胀系数小的骨料

混凝土由水泥浆和骨料组成，其线胀系数为水泥浆和骨料线胀系数的加权（占混凝土的体积）平均值。骨料的线胀系数因母岩种类而异。不同岩石的线胀系数差异很大。大体积混凝土中的骨料体积占75%以上，采用线胀系数小的骨料对降低混凝土的线胀系数，从而减小温度变形的作用是十分显著的。

5. 外掺料选择

水泥水化热是大体积混凝土发生温度变化而导致体积变化的主要根源。干湿和化学变化也会造成体积变化，但通常都远远小于水泥水化热产生的体积变化。因此，除采用水化热低的水泥外，要减小温度变形，还应千方百计地降低水泥用量，减少水的用量。根据试验每减少10kg水泥，其水化热将使混凝土的温度相应升降1 ℃。

三、混凝土浇筑温度的控制

降低混凝土的浇筑温度对控制混凝土裂缝非常重要。相同混凝土，入模温度高的温升值要比入模温度低的大许多。混凝土的入模温度应视气温而调整。在炎热气候下不应超过28 ℃，冬季不应低于5 ℃。在混凝土浇筑之前，通过测量水泥、粉煤灰、砂、石、水的温度，可以估算浇筑温度。若浇筑温度不在控制要求内，则应采取相应措施。

（一）在高温季节、高温时段浇筑的措施

第一，除水泥水化温升外，混凝土本身的温度也是造成体积变化的原因，有条件的应尽量避免在夏季浇筑。若无法做到，则应避免在午间高温时浇筑。

第二，高温季节施工时，用混凝土搅拌用水池（箱）拌和混凝土时，拌和水内可以加

冰屑（可降低 3~4 ℃）和冷却骨料（可降低 10 ℃以上），降低搅拌用水的温度。

第三，高温天气时，砂、石子堆场的上方设遮阳棚或在料堆上覆盖遮阳布，降低其含水率和料堆温度。同时提高骨料堆料高度，当堆料高度大于 6 m 时，骨料的温度接近月平均气温。

第四，向混凝土运输车的罐体上喷洒冷水、在混凝土泵管上裹覆湿麻袋片控制混凝土入模前的温度。

第五，预埋钢管，通冷却水。如果绝热温升很高，有可能因温度应力过大而导致温度裂缝时，浇灌前，在结构内部预埋一定数量的钢管（借助钢筋固定），除在结构中心布置钢管外，其余钢管的位置和间距根据结构形式和尺寸确定（温控措施圆满完成后用高标号灌浆料将钢管灌堵密实）。大体积混凝土浇灌完毕后，根据测温所得的数据，向预埋的管内通以一定温度的冷却水，应保证冷却水温度和混凝土温度之差不大于 25 ℃，利用循坏水带走水化热；冷却水的流量应控制，保证降温速率不大于 15 ℃/d，温度梯度不大于 2 ℃/m。尽管这种方法需要增加一些成本，却是降低大体积混凝土水化热温最为有效的措施。

第六，可采用表面流水冷却，也有较好效果。

（二）保温措施

冬季施工如日平均气温低于 5 ℃时，为防止混凝土受冻，可采取拌和水加热及运输过程的保温等措施。

（三）控制混凝土浇筑间歇期、分层厚度

各层混凝土浇筑间歇期应控制在 7 天左右，最长不得超过 10 天。为降低老混凝土的约束，须做到薄层、短间歇、连续施工。如因故间歇期较长，应根据实际情况在充分验算的基础上对上层混凝土层厚进行调整。

四、浇筑后混凝土的保温养护及温差监测

保温效果的好坏对大体积混凝土温度裂缝控制至关重要。保温养护采用在混凝土表面覆盖草垫、素土的养护方法。养护安排专人进行，养护时间 5 天。

自施工开始就派专人对混凝土测温并做好详细记录，以便随时了解混凝土内外温差变化。

承台测温点共布设 9 个，分上、中、下三层，沿着基础的高度，分布于基础周边，中间及肋部。测温点具体埋设位置见专项施工方案（作业指导书）。混凝土浇筑完毕后即开始测

温。在混凝土温度上升阶段每 2~4 h 测一次，温度下降阶段每 8 h 测一次，同时应测大气温度，以便掌握基础内部温度场的情况，控制砼内外温差在 25 ℃ 以内。根据监测结果，如果砼内部升温较快，砼内部与表面温度之差有可能超过控制值时，在混凝土外表面增加保温层。

当昼夜温差较大或天气预报有暴雨袭击时，现场准备足够的保温材料，并根据气温变化趋势以及砼内部温度监测结果及时调整保温层厚度。

当砼内部与表面温度之差不超过 20 ℃，且砼表面与环境温度之差也不超过 20 ℃ 时，逐层拆除保温层。当砼内部与环境温度之差接近内部与表面温差控制值时，则须全部撤掉保温层。

五、做好表面隔热保护

大体积混凝土的裂缝，特别是表面裂缝，主要是由于内外温差过大产生的浇筑后，水泥水化使混凝土温度升高，表面易散热温度较低，内部不易散热温度较高，相对地表面收缩内部膨胀，表面收缩受内部约束产生拉应力。但通常这种拉应力较小，不至于超过混凝土抗拉强度而产生裂缝。只有同时遇冷空气袭击，或过水或过分通风散热、使表面降温过大时才会发生裂缝（浇筑后 5~20 d 最易发生）。表面隔热保护防止表面降温过大，减小内外温差，是防裂的有效措施。

（一）不拆模保温蓄热养护

大体积混凝土浇灌完成后应适时地予以保温保湿养护（在混凝土内外温差不大于 25 ℃ 的情况下，过早地保温覆盖不利于混凝土散热）。养护材料的选择、维护层数以及拆除时间等应严格根据测温和理论计算结果而定。

（二）不拆模保温蓄热及混凝土表面蓄水养护

对于筏板式基础等大体积混凝土结构，混凝土浇灌完毕后，除在模板表面裹覆保温保湿材料养护外，可以通过在基础表面的四周砌筑砖围堰而后在其内蓄水的方法来养护混凝土，但应根据测温情况严格控制水温，确保蓄水的温度和混凝土的温度之差小于或等于 25 ℃，以免混凝土内外温差过大而导致裂缝出现。

六、控制混凝土入模温度

混凝土的入模温度指混凝土运输至浇筑时的温度。冬季施工时，砼的入模温度不宜低于 5 ℃。夏季施工时，混凝土的入模温度不宜高于 30 ℃。

夏季施工砼入模温度的控制：

（一）原材料温度控制

混凝土拌制前测定砂、碎石、水泥等原材料的温度，露天堆放的砂石应进行覆盖，避免阳光曝晒。拌和用水应在混凝土开盘前的一小时从深井抽取地下水，蓄水池在夏天搭建凉棚，避免阳光直射。拌制时，优先采用进场时间较长的水泥及粉煤灰，尽可能降低水泥及粉煤灰在生产过程中存留的余热。

（二）采用砼搅拌运输车运输砼

运输车储运罐装混凝土前用水冲洗降温，并在砼搅拌运输车罐顶设置棉纱降温刷，及时浇水使降温刷保持湿润，在罐车行走转动过程中，使罐车周边湿润，蒸发水汽降低温度，并尽量缩短运输时间。运输混凝土过程中宜慢速搅拌混凝土，不得在运输过程加水搅拌。

（三）施工时，要做好充分准备

备足施工机械，创造好连续浇筑的条件。砼从搅拌机到入模的时间及浇筑时间要尽量缩短。同时，为避免高温时段，浇筑应多选择在夜间施工。

冬期施工砼入模温度的控制：

第一，冬期施工时，设置骨料暖棚，将骨料进行密封保存，暖棚内设置加热设施。粗细骨料拌和前先置于暖棚内升温。暖棚外的骨料使用帆布进行覆盖。配制一台锅炉，通过蒸汽对搅拌用水进行加热，以保证混凝土的入模温度不低于 5 ℃。

第二，砼的浇筑时间有条件时应尽量选择在白天温度较高的时间进行。

第三，砼拌制好后，及时运往浇筑地点，在运输过程中，罐车表面采用棉被覆盖保温。运输道路和施工现场及时清扫积雪，保证道路通畅，必要时运输车辆加防滑链。

七、养护

混凝土养护包括湿度和温度两方面。结构表层混凝土的抗裂性和耐久性在很大程度上取决于施工养护过程中的温度和湿度养护。因为水泥只有水化到一定程度才能形成有利于混凝土强度和耐久性的微观结构。目前工程界普遍存在的问题是湿养护不足，对混凝土质量影响很大。湿养护时间应视混凝土材料的不同组成和具体环境条件而定。对于低水胶比又掺用掺和料的混凝土，潮湿养护尤其重要。湿养护的同时，还要控制混凝土的温度变化。根据季节不同采取保温和散热的综合措施，保证混凝土内表温差及气温与混凝土表面的温差在控制范围内。

八、加强施工质量控制

工程实践证明，大体积混凝土裂缝的出现与其质量的不均匀性有很大关系，混凝土强度不均匀，裂缝总是从最弱处开始出现。当混凝土质量控制不严，混凝土强度离散系数大时，出现裂缝的概率就大。加强施工管理，提高施工质量，必须从混凝土的原材料质量控制做起。科学进行配合比设计，施工中严格按照施工规范操作，特别要加强混凝土的振捣和养护，确保混凝土的质量，以减少混凝土裂缝的发生。

第五章　水资源的开发利用途径

第一节　地表水资源的开发利用途径

一、地表水资源的利用途径

（一）地表水资源的特点

地表水源包括江、河、湖泊、水库和海水。大部分地区的地表水源流量较大，由于受地面各种因素的影响，地表水资源表现出以下特点：

第一，地表水多为河川径流，一般径流量大，矿化度和硬度低。

第二，地表水资源受季节性影响较大，水量时空分布不均。

第三，地表水水量一般较为充沛，能满足大流量的需水要求。因此，城市、工业企业常利用地表水作为供水水源。

第四，地表水水质容易受到污染，浊度相对较高，有机物和细菌含量高，一般均须常规处理后才能使用。

第五，采用地表水源时，在地形、地质、水文、卫生防护等方面的要求均较复杂。

（二）地表水资源开发利用途径及主要工程

为满足经济社会用水要求，人们需要从地表水体取水，并通过各种输水措施传送给用户。除在地表水附近，大多数地表水体无法直接供给人类使用，须修建相应的水资源开发利用工程对水进行利用。常见的地表水资源开发利用工程主要有河岸引水工程、蓄水工程、扬水工程和输水工程。

1. 河岸引水工程

由于河流的种类、性质和取水条件各不相同，从河道中引水通常有两种方式：一是自流引水；二是提水引水。自流引水可采用无坝与有坝两种方式。

（1）无坝引水

当河流水位、流量在一定的设计保证率条件下，能够满足用水要求时，即可选择适宜的位置作为引水口，直接从河道侧面引水，这种引水方式就是无坝引水。

在丘陵山区，若水源水位不能满足引水要求，亦可从河流上游水位较高地点筑渠引水。这种引水方式的主要优点是可以取得自流水头；主要缺点是引水口一般距用水地较远，渗漏损失较大，用水成本较高。

无坝引水渠首一般由进水闸、冲沙闸和导流堤三部分组成。进水闸的主要作用是控制入渠流量；冲沙闸的主要作用为冲走淤积在进水闸前的泥沙；而导流堤一般修建在中小河流上，平时发挥导流引水和防沙作用，枯水期可以截断河流，保证引水。

（2）有坝引水

当天然河道的水位、流量不能满足自流引水要求时，须在河道上修建雍水建筑物（坝或闸），抬高水位，以便自流引水，保证所需的水量，这种引水形式就是有坝引水。有坝引水枢纽主要由拦河坝（闸）、进水闸、冲沙闸及防洪堤等建筑物组成。

第一，拦河坝的作用为横拦河道、抬高水位，以满足自流引水对水位的要求，汛期则在溢流坝顶溢流，泄流河道洪水。

第二，进水闸的作用是控制引水流量。其平面布置主要有两种形式：一是正面排沙，侧面引水；二是正面引水，侧面排沙。

第三，冲沙闸的过水能力一般应大于进水闸的过水能力，能将取水口前的淤沙冲往下游河道。冲沙闸底板高程应低于进水闸底板高程，以保证较好的冲沙效果。

第四，为减少拦河坝上游的淹没损失，在洪水期保护上游城镇、交通的安全，可以在拦河坝上游沿河修筑防洪堤。

（3）提水引水

提水引水就是利用机电提水设备（水泵）等，将水位较低水体中的水提到较高处，满足引水需要。

2. 蓄水工程

这里主要介绍水库蓄水工程。当河道的年径流量能满足人们用水要求，但其流量过程与人们所需的水量不相适应时，则须修筑拦河大坝，形成水库。水库具有径流调节作用，可根据年内或多年河道径流量，对河道内水量进行科学调节，以满足用水的要求。水库枢纽由三类基本建筑物组成：

（1）挡水建筑物

水库的挡水建筑物，是指拦河坝。一般按建筑材料分为土石坝、混凝土坝和浆砌石坝。土石坝可分为土坝和堆石坝；常见的混凝土坝的种类有重力坝、拱坝、支墩坝等。浆砌块石坝可分为重力坝和拱坝等，因这种材料的坝体不利于机械化施工，故多在中小型水库上采用。这里仅简要介绍最为常见的重力坝、拱坝和土坝。

第一，重力坝主要依靠坝体自重产生的抗滑力维持稳定，它是用混凝土或浆砌石修筑而成的大体积挡水建筑物，具有结构简单、施工方便、安全可靠性强、抗御洪水能力强等特点，但同时由于它体积庞大，对水泥用量多，且对温度要求严格，坝体应力较低，受扬压力作用大。

重力坝通常由非溢流坝段、溢流坝段和二者之间的连接边墩、导墙及坝顶建筑物等组成。一般说来，坝轴线采用直线，需要时也可以布置成折线或曲线。溢流坝段一般布置在中部原河道主流位置，两端用作溢流坝段与岸坡相接，溢流坝段与非溢流坝段之间用边墩、导墙隔开。

第二，拱坝是坝体向上游凸出，在平面上呈现拱形，拱端支承于两岸山体上的混凝土或浆砌石坝。拱的两端支承于两岸山坡岩体上，作用于迎水面的荷载，大部分依靠拱的作用传递到两岸岩体上，只有少部分通过梁的作用传至坝基。拱坝具有体积小、超载能力和抗震性好等特点，但由于拱坝坝体单薄、孔口应力复杂，因此坝身泄流布置复杂，同时施工技术要求高，尤其对地基的处理要求十分严格。修筑拱坝的理想地形条件是左右对称的V形和U形狭窄河段。理想的地质条件是岩石均匀单一，透水性弱，基岩坚固完整，无大的断裂构造和软弱夹层。

第三，土坝是历史最悠久也是最普遍的坝型。它具有可就地取材、构造简单、施工方便、适应地基的变形能力强等特点，但缺点是坝顶身不能溢流，坝体填筑工程量大。土坝的剖面一般是梯形，主要考虑渗流、冲刷、沉陷等对土坝的影响。土坝主要由坝体、防渗设备、排水部分和护坡四部分组成。坝体是土坝的主要组成部分，其作用是维持土坝的稳定。防渗设备的主要作用是减小坝体和坝基的渗透水量，要求用透水性小的土料或其他不透水材料筑成。排水设备的主要作用是尽量排出已渗入坝身的渗水，增强背水坡的稳定，可采用透水性强的材料，如砂、砾石、卵石和块石等。护坡的主要作用是防止波浪、冰凌、温度变化、雨水径流等的破坏，一般采用块石护坡。

（2）泄水建筑物

泄水建筑物主要用以宣泄多余水量，防止洪水漫溢坝顶，保证大坝安全。泄水建筑物有溢洪道和深式泄水建筑物两类。

①溢洪道

溢洪道可分为河床式和河岸式两种。河岸溢洪道根据泄水槽与溢流堰的相对位置不同可分为正槽式溢洪道和侧槽式溢洪道两种形式。正槽式溢洪道的溢流堰上的水流方向与泄水槽的轴线方向保持一致；而侧槽式溢洪道的溢流堰上的水流方向与泄水槽轴线方向斜交或正交。在实际中，主要根据库区地形条件选择溢洪道的形式。

溢洪道通常由引水段、控制段、泄水槽、消能设备和尾水渠五部分组成。控制段、泄水槽和消能设备是溢洪道的主体部分；引水段和尾水渠分别是主体部分同上游水及下游河道的连接部分。引水段的作用是将水流平顺、对称地引向控制段。控制段主要控制溢洪道泄流能力，是溢洪道的关键部位。泄水槽的作用是宣泄通过控制段的水流。消能设备用于消除下泄水流所具有的破坏作用的动能，防止下游河床和岸坡及相邻建筑物受水流的冲刷。尾水渠是将消能后的水流平顺地送到下游河道。

②深式泄水建筑物

深式泄水建筑物有坝身泄水孔、水工隧洞和坝下涵管等，一般仅作为辅助的泄洪建筑物。

（3）引水建筑物

在水库引水建筑物中，常见的形式有水工隧洞、坝下隧管和坝体泄水孔等。水工隧洞和坝下涵管均由进口段、洞（管）身段和出口段组成，两者不同之处在于水工隧洞开凿在河岸岩体内，坝下涵管在坝基上修建，其涵管管身埋设在土石坝坝体下面。

3. **扬水工程**

扬水是指将水由高程较低的地点输送到高程较高的地点，或给输水管道增加工作压力的过程。扬水工程主要是指泵站工程，是利用机电提水设备（水泵）及其配套建筑物，给水增加能量，使其满足兴利除害要求的综合性系统工程。水泵与其配套的动力设备、附属设备、管路系统和相应的建筑物组成的总体工程设施称为水泵站，亦称扬水站或抽水站。扬水的工作程序为：高压电流→变电站→开关设备→电动机→水泵→吸水（从水井或水池吸水）→扬水。

用以提升、压送水的泵称为水泵。按其工作原理可分为两类：动力式泵和容积式泵。动力式泵是靠泵的动力作用使液体的动能和压能增加和转换完成的，属于这一类的有离心泵、轴流泵和漩涡泵等；容积式水泵对水流的压送是靠泵体工作室容积的变动来完成的，属于这一类的有活塞式往复泵、柱塞式往复泵等。

目前，在城市给水排水和农田灌溉中，最常用的是离心泵。离心泵的工作原理是利用泵体中的叶轮在动力机（电动机或内燃机）的带动下高速旋转，由于水的内聚力和叶片与水之间的摩擦力不足以形成维持水流旋转运动的向心力，使泵内的水不断地被叶轮甩向水泵出口处，而在水泵进口处造成负压，进水池中的水在大气压的作用下经过底阀，进水管流向水泵进口。

泵站主要由设有机组的泵房、吸水井和配电设备三部分组成。其中，吸水井的作用是保证水泵有良好的吸水条件，同时也可以当作水量调节建筑物；设有机组的泵房包括吸水管路、管路、控制闸门及计量设备等；配电设备包括高压配电、变压器、低压配电及控制启动设备。低压配电与控制启动设备，一般也设在泵房内，各水管之间的联络管可根据具体情况，设置在室内或室外；变压器可以设在室外，但应有防护设施。除此之外，泵房内还应有起重等附属设备。

4. 输水工程

在开发利用地表水的实践活动中，水源与用水户之间往往存在着一定的距离，这就需要修建输水工程。输水工程主要采用渠道输水和管道输水两种方式。其中，渠道输水主要应用于农田灌溉，管道输水主要用于城市生产和生活用水。

二、地表水取水构筑物介绍

由于地表水水源的种类、性质和取水条件各不相同，因而地表水取水构筑物有多种形式。按水源的种类分，地表水取水构筑物可分为河流、湖泊、水库、海水取水构筑物；按取水构筑物的构造形式，可分为固定式（岸边式、河床式、斗槽式）和移动式（浮船式、缆车式）两种。在山区河流上，则有带低坝的取水构筑物和底栏栅式取水构筑物。

（一）固定式取水构筑物

固定式取水构筑物是地表水取水构筑物中较常用的类型，它包含种类较多，与移动式取水构筑物相比，它具有取水可靠、维护方便、管理简单以及适用范围广等优点，但其有投资较大、水下工程量较大、施工期长等缺点。

固定式取水构筑物有多种分类方式，按位置分为岸边式、河床式和斗槽式。其中，岸边式和河床式应用较为普遍，而斗槽式目前使用较少，下面重点介绍岸边式和河床式两类。

1. 岸边式取水构筑物

直接从岸边进水口取水的构筑物称为岸边式取水构筑物，它由进水间和泵房两部分组成。岸边式取水构筑物无须在江河上建坝，适用于当河岸较陡，主流近岸，岸边水深足够，水质和地质条件都较好，且水位变幅较稳定的情况，但水下施工工程量较大，且须在枯水期或冰冻期施工完毕。根据进水间与泵房是否合建，岸边式取水构筑物可分为合建式和分建式两种。

（1）合建式岸边取水构筑物

合建式岸边取水构筑物的进水间和泵房合建在一起，设在岸边。水经进水孔进入进水室，再经格网进入吸水室，然后由水泵抽送至水厂或用户。进水孔上的格栅用以拦截水中粗大的漂浮物，进水间中的格网用以拦截水中细小的漂浮物。

合建式岸边取水构筑物的特点是设备布置紧凑、总建筑面积较小、水泵吸水管路短、运行安全、管理和维护方便、应用范围较广。但合建式土建结构复杂，施工较为困难，只有在岸边水深较大、河岸较陡、河岸地质条件良好、水位变幅和流速较大的河流才采用。

合建式岸边取水构筑物的结构类型通常有以下三种形式：

①进水间与泵房基础处于不同的标高上，呈阶梯式布置。这种布置形式的合建式岸边取水构筑物适用于河岸地质条件较好的地方。

②进水间与泵房基础处于相同的标高上，呈水平式布置。当岸边地质条件较差，为避免不均匀沉降，或供水安全性要求较高，水泵须自灌启动时，宜采用此布置形式。这种形式的取水构筑物多用卧式泵。

③将②中的卧式泵改为立式泵或轴流泵，且吸水间在泵房下面。

（2）分建式岸边取水构筑物

当岸边地质条件较差，进水间不宜与泵房合建时，或者分建对结构和施工有利时，宜采用分建式。分建式进水间设于岸边，泵房建于岸内地质条件较好的地点，但不宜距进水间太远，以免吸水管过长。分建式取水构筑物土建结构简单，易于施工，但水泵吸水管路长，水头损失大，运行安全性较差，且对吸水管及吸水底阀的检修较困难。

2. 河床式取水构筑物

从河心进水口取水的构筑物称为河床式取水构筑物。河床式取水构筑物与岸边式基本相同，但用伸入江河中的进水管（其末端设有取水头部）来代替岸边式进水间的进水孔，它主要由泵房、集水间、进水管和取水头部组成。其中，泵房和集水间的构造与岸边式取水构筑物的泵房和进水间基本相同。当主流离岸边较远，河床稳定、河岸较缓、岸边水深不足或水质较差，但河心有足够水深或较好水质时，适宜采用河床式取水构筑物。

河床式取水构筑物根据集水井与泵房间的联系，可分为合建式与分建式。河床式取水构筑物按照进水管形式的不同，可以分为四种基本形式：自流管取水式、虹吸管取水式、水泵直接取水式和江心桥墩取水式。

（二）移动式取水构筑物

在水源水位变幅大、供水要求急和取水量不大时，可考虑采用移动式取水构筑物（分为浮船式和缆车式)。

1. 浮船式取水构筑物

浮船式取水构筑物是将取水设备直接安置在浮船上,由浮船、锚固设备、联络管及输水斜管等部分组成。它的特点是构造简单,便于移动,适应性强,灵活性大,能经常取得含沙量较小的表层水,且无水下工程,投资省,上马快。浮船式取水须随水位的涨落拆换接头,移动船位,紧固缆绳,收放电线电缆,尤其水位变化幅度大的洪水期,操作管理更为频繁。浮船必须定期维护,且工作量大。浮船式取水构筑物的适用条件为河床稳定,岸坡适宜,有适当倾角,河流水位变幅在 $10 \sim 35$ m 或更大,水位变化速度不大于 2 m/h,枯水期水深不小于 1.5 m,水流平稳、流速和风浪较小、停泊条件好的河段。此种方式在我国西南、中南等地区应用较广泛。

2. 缆车式取水构筑物

缆车式取水构筑物由泵车、坡道或斜桥、输水管和牵引设备等部分组成。缆车式取水构筑物是用卷扬机绞动钢丝绳牵引泵车,使其沿坡道上升或下降,以适应河水的涨落,因此受风浪的影响小,能取得较好水质的水。

缆车式取水构筑物具有施工简单、水下工程量小、基建费用低、供水安全可靠等优点,适用于河流水位变幅为 $10 \sim 15$ m,枯水位时能保证一定的水深,涨落速度小于 2 m/h,无冰凌和漂浮物较少的情况。其位置宜选择在河岸岸坡稳定、地质条件好、岸坡倾角适宜的地段。如果河岸太陡,所需牵引设备过大,移车较困难;如果河岸太缓,则吸水管架太长,容易发生事故。

(三) 山区浅水河流取水构筑物

1. 山区浅水河流的特点

第一,河床多为粗颗粒的卵石、砾石或基岩,稳定性较好。

第二,河床坡降大、河狭流急,洪水期流速大、推移质多,有时可夹带直径 1 m 以上的大滚石。

第三,水位和流量变化幅度大。雨后水位猛涨、流量猛增,但时间很短。枯水期的径流量和水位均较小,甚至出现多股细流和局部地表断流现象。

第四,水质变化剧烈。枯水期水质较好,清澈见底,洪水期水质变浑,含沙量大,漂浮物多。

第五,北方某些山区河流潜冰(水内冰)期较长。

2. 山区河流取水的特点

山区河流枯水期河流流量很小，因此取水量常常占河水枯水径流量的比重很大，有时高达 70%～90%。平、枯水期水层浅薄，不能满足取水深度要求，需要修筑低坝抬高水位或采用底部进水的方式解决；洪水期推移质多、粒径大，因此在山区浅水河流的开发利用中，既要考虑到使河水中的推移质能顺利排出，不致大量堆积，又要考虑到使取水构筑物不被大颗粒推移质损坏。

3. 取水构筑物类型

适合于山区浅水河流的取水构筑物形式有低坝取水、底栏栅取水、渗渠取水以及开渠引水等。这里只对低坝式取水构筑物和底栏栅取水构筑物做简要介绍。

（1）低坝式取水构筑物

当山区河流水量特别小、取水深度不足时，或者取水量占枯水流量的比重较大（30%以上）时，在不通航、不放筏、推移质不多的情况下，可在河流上修筑低坝以抬高水位和拦截足够的水量。低坝位置应选择在稳定河段上，坝的设置不应影响原河床的稳定性。取水口宜布置在坝前河床凹岸处。当无天然稳定的凹岸时，可通过修建弧形引水渠造成类似的水流条件。

低坝有固定式和活动式两种。固定式低坝取水构筑物通常由拦河低坝、冲沙闸、进水闸或取水泵站等部分组成；活动式低坝在洪水期可以开启，减少上游淹没的面积，并能冲走坝前沉积的泥沙，枯水期能挡水和抬高上游水位，因此采用较多，但维护管理较复杂。近些年来广泛采用的新型活动坝有橡胶坝、浮体闸等。

（2）底栏栅取水构筑物

通过坝顶带栏栅的引水廊道取水的构筑物，称为底栏栅取水构筑物。它由拦河低坝、底栏栅、引水廊道、沉沙池、取水泵站等部分组成。在河床较窄、水深较浅、河床纵坡降较大、大颗粒推移质特别多的山溪河流，且取水量占河水总量比例较大时采用。

（四）湖泊和水库取水构筑物

1. 湖泊和水库特征

第一，湖泊和水库的水位与其蓄水量和来水量有关，其年变化规律基本上属于周期性变化。以地表径流为主要补给来源的湖泊或水库，夏秋季节出现最高水位，冬末春初则为最低水位。水位变化除与蓄水量有关外，还会受风向与风速的影响。在风的作用下，向风岸水位上升，而背风岸水位下降。

第二，湖泊和水库具有良好的沉淀作用，水中泥沙含量较低，浊度变化不大。但在河流入口处，由于水流突然变缓，易形成大量淤积。

第三，不同的湖泊或水库，水的化学成分不同；同一湖泊或水库，位置不同，水的化学成分和含盐量也不一样。湖泊、水库的水质与补给水水源的水质、水量流入和流出的平衡关系、蒸发量的大小、蓄水构造的岩性等有关。

第四，湖泊、水库中的水流动缓慢，浮游生物较多，多分布于水体上层 10 m 深度以内的水域。浮游生物的种类和数量，近岸处比湖中心多，浅水处比深水处多，无水草处比有水草处多。

2. 取水构筑物位置选择

第一，不宜选择在湖岸芦苇丛生处附近。一般在这些湖区有机物丰富，水生物较多，水质较差，尤其是水底动物较多。螺蛳等软体动物吸着力强，若被水泵吸入后将会产生堵塞现象。

第二，夏季主风向的向风面的凹岸处有大量的浮游生物集聚并死亡，腐烂后产生异味，水质恶化，且一旦藻类被吸入水泵提升至水厂后，会在沉淀池和滤池的滤料内滋生，增大滤料阻力，因此应避免选择在该处修建取水构筑物。

第三，应选择靠近大坝附近或远离支流的汇入口，这样可以防止泥沙淤积取水头部。

第四，应建在稳定的湖岸或库岸处，可以避免大风浪和水流对湖岸、库岸的冲击和冲刷，减少对取水构筑物的危害。

3. 取水构筑物类型

（1）隧洞式取水和引水明渠取水

在水深大于 10 m 的湖泊或水库中取水可采用引水隧洞或引水明渠。隧洞式取水构筑物可采用水下岩塞爆破法施工。

（2）分层取水的取水构筑物

为避免水生生物及泥沙的影响，应在取水构筑物不同高度设置取水窗。这种取水方式适宜于深水湖泊或水库。例如，在夏秋季节，表层水藻类较多，到秋末这些漂浮生物死亡，沉积于库底或湖底，因腐烂而使水质恶化发臭。在汛期，暴雨后的地表径流带有大量泥沙流入湖泊水库，使水的浊度骤增。采用分层取水的方式，可以根据不同水层的水质情况，取得低浊度、低色度、无嗅的水。

（3）自流管式取水构筑物

在浅水湖泊和水库取水，一般采用自流管或虹吸管把水引入岸边深挖的吸水井内，然后水泵的吸水管直接从吸水井内抽水，泵房与吸水管既可以合建，也可以分建。

（五）海水取水构筑物

1. 海水取水的特点

（1）海水含盐量高，腐蚀性强

海水含有较高的盐分，一般为 3.5%，如不经处理，一般只宜作为工业冷却水。海水中主要含有氯化钠、氯化镁和少量的硫酸钠、硫酸钙，具有较强的腐蚀性和较高的硬度。

（2）海生生物的影响与防治

海生生物的大量繁殖常堵塞取水头部、格网和管道，且不易清除，对取水安全可靠性构成极大威胁。

防治和清除的方法有加氯法、加碱法、加热法、机械刮除、密封窒息、含毒涂料、电极保护，其中以加氯法采用较多，效果较好。

（3）潮汐和波浪

潮汐现象是指海水在天体（主要是月球和太阳）引潮力作用下所产生的周期性运动。习惯上把海面铅直向涨落称为潮汐，而海水在水平方向的流动称为潮流。潮汐平均每隔 12 小时 25 分钟出现一次高潮，在高潮之后 6 小时 12 分钟出现一次低潮。

波浪则是由于风力引起的。风力大、时间长时，往往会产生巨浪，且具有很大的冲击力和破坏力。取水构筑物应设在避风的位置，对潮汐和海浪的破坏力给予充分考虑。

（4）泥沙淤积

海滨地区，潮汐运动往往使泥沙移动和淤积，在泥质海滩地区，这种现象更为明显。因此，取水口应避开泥沙可能淤积的地方，最好设在岩石海岸、海湾或防波堤内。

2. 海水取水构筑物分类

（1）引水管渠取水构筑物

当海滩比较平缓时，可采用自流管或引水管渠取水。

（2）岸边式取水构筑物

在深水海岸，若地质条件及水质良好，可考虑设置岸边式取水，直接从岸边取水。

（3）潮汐式取水构筑物

在海边围堤修建蓄水池，在靠海岸的池壁上设置若干潮门。涨潮时，海水推开潮门，进入蓄水池；退潮时，潮门自动关闭，泵站从蓄水池取水。利用潮汐蓄水，可以节省投资和电耗。

三、地表水输水工程的选择

输水工程主要采用渠道输水和管道输水两种方式。其中，渠道输水主要应用于农田灌溉。管道输水主要用于城市生产和生活用水，以下主要介绍城市给水管道工程。

（一）给水管网系统

给水管网系统是保证城市、工矿企业等用水的各项构筑物和输配水管网组成的系统。其基本任务是安全合理地供应城乡人民生活、工业生产、保安防火、交通运输等各项用水，保证满足城乡用水对水量、水质和水压的供水要求。

给水管网系统一般由输水管（渠）、配水管网、水压调节设施（泵站、减压阀）及水量调节设施（清水池、水塔、高地水池）等构成。

第一，输水管（渠）。是指在较长距离内输送水量的管道或渠道，一般不沿线向外供水。

第二，配水管网。是指分布在供水区域内的配水管道网络，其功能是将来自较集中点（如输水管渠的末端或储水设施等）的水量分配输送到整个供水区域，使用户能从近处接管用水。

第三，泵站。是输配水系统中的加压设施，可分为抽取原水的一级泵站、输送清水的二级泵站和设于管网中的增压泵站等。

第四，减压阀。是一种自动降低管路工作压力的专门装置，它可将阀前管路较高的水压减少至阀后管路所需的水平。

第五，水量调节设施。包括清水池、水塔和高地水池等，其中清水池位于水厂内，水塔和高地水池位于给水管网中。水量调节设施的主要作用是调节供水和用水的流量差，也用于储备用水量。

（二）给水管网的布置

城市给水管网是由直径大小不等的管道组成的，担负着城镇的输水和配水任务。给水管网布置的合理与否关系到供水是否安全、工程投资和管网运行费用是否经济。

1. 管网布置的原则

第一，根据城市规划布置管网时，应考虑管网分期建设的需要，留出充分发展的余地。

第二，保证供水有足够的安全可靠性，当局部管线发生事故时，断水范围最小。

第三，管线应遍布整个供水区内，保证用户有足够的水量和水压。

第四，管线敷设应尽可能短，以降低管网造价和供水能量费用。

2. 管网布置形式

给水管网主要有树状网和环状网两种形式。树状网是指从水厂泵站到用户的管线布置呈树枝状，适用于小城市和小型工矿企业供水。这种管网的供水可靠性较差，但其造价低。环状网中，管线连接成环状，当其中一段管线损坏时，损坏部分可以通过附近的阀门切断，而水仍然可以通过其他管线输送至以后的管网，因而断水的范围小，供水可靠性强，还可大大减轻因水锤作用产生的危害，但其造价较高。一般在城市初期可采用树状网，以后逐步连成环状网。

3. 管网布置要点

城市管网布置取决于城镇平面布置，供水区地形、水源和调节构筑物位置，街区和用户特别是大用水户分布，以及河流、铁路、桥梁等位置以及供水可靠性要求，主要遵循以下六点：

第一，干管延伸方向应与主要供水方向一致。当供水区中无用水大户和调节构筑物时，主要供水方向取决于用水中心区所在的位置。

第二，干管布设应遵循水流方向，尽可能沿最短距离达到主要用水户。干管的间距可根据街区情况，一般采用500~800 m。

第三，对城镇边缘地区或郊区用户，通常采用树状管线供水；对个别用水量大、供水可靠性要求高的边远地区用户，也可采用双管供水。

第四，若干管之间形成环状网，则连接管的间距可根据街区大小和供水可靠性要求，一般采用800~1000 m。

第五，干管一般按城市规划道路定线，并要考虑发展和分期建设的需要。

第六，管网的布置还应考虑一系列关于施工和经营管理上的问题。

第二节 地下水资源的开发利用途径

一、地下水资源的开发利用

合理开发利用地下水，对满足人类生活与生产需求以及维持生态平衡具有重要意义，特别是对于某些干旱半干旱地区，地下水更是其主要的甚至是唯一的水源。据统计，目前在我国的大中型城市中，北方70%、南方20%的地区以地下水作为主要供水水源。此外，许多大中型能源基地、重化工企业和轻工企业均以地下水作为供水水源。

(一) 地下水的开发利用途径

地下水的开发利用需要借助一定的取水工程来实现。取水工程的任务是从地下水水源地中取水，送至水厂处理后供给用户使用，包括水源、取水构筑物、输配水管道、水厂和水处理设施。但是，地下水取水构筑物与地表水取水构筑物差异较大，而输配水管道、水厂和水处理设施基本上与地表水供水设施一致。

地下水取水构筑物的形式多种多样，综合归纳可概括为垂直系统、水平系统、联合系统和引泉工程四大类型。当地下水取水构筑物的延伸方向基本与地表面垂直时，称为垂直系统，如管井、筒井、大口井、轻型井等各种类型的水井；当取水构筑物的延伸方向基本与地表面平行时，称为水平系统，如截潜流工程、坎儿井、卧管井等；将垂直系统与水平系统结合在一起，或将同系统中的几种联合成一整体，便可称为联合系统，如辐射井、复合井等。

在修建取水工程之前，首先要对开采区开展水文地质调查，明确地下水水源地的特性，如是潜水还是承压水，是孔隙水、裂隙水还是岩溶水，进而选择经济合理、技术可行的取水构筑物（类型、结构与布置等）来开采地下水。

（二）地下水开发利用的优点

同地表水相比，地下水的开发利用有其独特优势。

1. 分布广泛，容易就地取水

我国地下水开发利用以孔隙水、岩溶水、裂隙水三类为主，其中以孔隙水分布最广，岩溶水在分布、数量和开发上均居其次，而裂隙水则最小。据调查，松散岩类孔隙水分布面积约占全国面积的1/3，我国许多缺水地区，如位于西北干旱区的石羊河流域、黑河流域山前平原处都有较多的孔隙水分布。此外，孔隙水存在于松散沉积层中，富水性强且地下水分布比较均匀，打井取水比较容易。

2. 水质稳定可靠

一般情况下，未受人类活动影响的地下水是优质供水水源，水质良好、不易被污染，可作为工农业生产和居民生活用水的首选。地下水资源的这种优势在我国北方干旱半干旱地区尤为明显，因为当地地表水资源极其贫乏，因此不得不大量开采地下水来维持生活和生产用水。此外，地下水含水层受包气带的过滤作用和地下微生物的净化作用，使其产生了天然的屏障，不易被污染。地下水在接受补给和运移过程中，由于含水层的溶滤作用使地下水中含有多种矿物质和微量元素，成为优质的饮用水源。我国的高寿命地区大多与饮用优质地下水有关。

3. 具有时间上的调节作用

地下水和地表水汇流机制的不同，导致其接受补给的途径和时间存在一定的差别。地表水的补给受降水影响显著，降水在地面经过汇流后可迅速在河道形成洪水，随时间的变化比较剧烈。地下水的补给则受降水入渗补给、地表水入渗补给、灌溉水入渗补给等多方面的影响，且由于其在地下的储存流动通道与地表水有很大的差异，因此地下水资源随着时间的变化相对稳定，在枯水期也能保证有一定数量的地下水供应。

4. 减轻或避免了土地盐碱化

在一些低洼地区开采地下水，降低了地下水位，减少了浅水的无效蒸发，进而可改良盐碱地，并取得良好的社会效益和环境效益。

5. 具备某些特殊功效

由于地下水一年四季的温差要大大小于地表水，因此常常成为一些特殊工业用水的首选。此外，由于多数地下水含有特定的化学成分，因此还有其他重要的作用。例如，含有对人体生长和健康有益元素的地下水可作为矿泉水、洗浴水；富含某些元素的高矿化水，可提取某些化工产品；高温地下热水，可作为洁净的能源用于发电或取暖；富含硝态氮的地下水可用于农田灌溉，有良好的肥效作用等。

(三) 地下水资源的合理开发模式

不合理地开发利用地下水资源，会引发地质、生态、环境等方面的负面效应。因此，在地下水开发利用之前，首先要查清地下水资源及其分布特点，进而选择适当的地下水资源开发模式，以促使地下水开采利用与经济社会发展相互协调。下面介绍五种常见的地下水资源开发模式：

1. 地下水库开发模式

地下水库开发模式主要分布在含水层厚度大、颗粒粗，地下水与地表水之间有紧密水力联系，且地表水源补给充分的地区，或具有良好的人工调蓄条件的地段，如冲洪积扇顶部和中部。冲洪积扇的中上游区通常为单一浅水区，含水层分布范围广、厚度大，有巨大的储存和调蓄空间，且地下水位埋深浅、补给条件好，而扇体下游区受岩相的影响，颗粒变细并构成潜伏式的天然截流坝，因此极易形成地下水库。地下水库的结构特征，决定了其具有易蓄易采的特点以及良好的调蓄功能和多年调节能力，有利于"以丰补歉"，充分利用洪水资源。目前，不少国家和地区都采用地下水库式开发模式。

2. 傍河取水开发模式

我国北方许多城市，如西安、兰州、西宁、太原、哈尔滨、郑州等，其地下水开发模式大多是傍河取水型的。实践证明，傍河取水是保证长期稳定供水的有效途径，特别是利用地层的天然过滤和净化作用，使难以利用的多泥沙河水转化为水质良好的地下水，从而为沿岸城镇生活、工农业用水提供优质水源。在选择傍河水源地时，应遵循以下原则：第一，在分析地表水、地下水开发利用现状的基础上，优先选择开发程度低的地区；第二，充分考虑地表水、地下水富水程度及水质；第三，为减少新建厂矿所排废水对大中城市供水水源地的污染，新建水源地应尽可能选择在大中城镇上游河段；第四，尽可能不在河流两岸相对布设水源地，避免长期开采条件下两岸水源地对水量、水位的相互削减。

3. 井渠结合开发模式

农灌区一般采用井渠结合开发模式，特别是在我国北方地区，由于降水与河流径流量在年内分配不均匀，与农田灌溉需水过程不协调，易形成春夏旱。为解决这一问题，发展井渠结合的灌溉，可以起到井渠互补、余缺相济和采补结合的作用。实现井渠统一调度，可提高灌溉保证程度和水资源利用效率，不仅是一项见效快的水利措施，而且也是调控潜水位，防治灌区土壤盐渍化和改善农业耕作环境的有效途径。经内陆灌区多年实践证明，井渠结合灌溉模式具有如下效果：一是提高灌溉保证程度，缓解或解决了春夏旱的缺水问题；二是减少了地表水引水量，有利于保障河流在非汛期的生态基流；三是可通过井灌控制地下水位，改良盐渍化。

4. 排供结合开发模式

在采矿过程中，地下水大量涌入矿山坑道，往往使施工复杂化和采矿成本增高，严重时甚至威胁矿山工程和人身安全，因此需要采取相应的排水措施。矿坑排水不仅增加了采矿的成本，而且还造成地下水资源的浪费，如果矿坑排水能与当地城市供水结合起来，则可起到一举两得的效果。目前在我国已有部分城市（如郑州、济宁、邯郸等），将矿坑排水用于工业生产、农田灌溉，甚至是生活用水等。

5. 引泉模式

在一些岩溶大泉及西北内陆干旱区的地下水溢出带可直接采用引泉模式，为工农业生产提供水源。大泉一般出水量稳定，水中泥沙含量低，适宜直接在泉口取水使用，或在水沟修建堤坝，拦蓄泉水，再通过管道引水，以解决城镇生活用水或农田灌溉用水。这种方式取水经济，一般不会引发生态环境问题。

以上是几种主要地下水开发模式，实际中远不止上述几种，可根据开采区的水文地质条件来选择合适的开发模式，使地下水资源开发与经济社会发展、生态环境保护相协调。

二、地下水取水构筑物介绍

地下水取水构筑物是地下水开发利用工程的主体，选择合适的取水构筑物可达到省时省力、经济适用的效果。

（一）管井

1. 管井的构造

管井，是地下水取水构筑物中应用最广泛的一种，因其井壁和含水层中进水部分均为管状结构而得名。通常用凿井机械开凿，故又俗称机井。按其过滤器是否贯穿整个含水层，可分为完整井（贯穿整个含水层）和非完整井（穿过含水层的一部分）。

管井主要由井室、井壁管、过滤器及沉沙管构成。当有几个含水层且各层水头相差不大时，可用多过滤器管井。在抽取稳定的基岩中的岩溶水、裂隙水时，管井也可不装井壁管和过滤器。现将管井各部分构造分述如下：

（1）井室

井室位于最上部，用以保护井口、安装设备、进行维护管理。井室的构造应满足室内设备的正常运行要求，为此井室应有一定的采光、采暖、通风、防水、防潮设施，应符合卫生防护要求。具体实施措施如下：井口要用优质黏土或水泥等不透水材料封闭，一般不少于 3 m，并应高出井室地面 0.3~0.5 m，以防止井室积水流入井内。

抽水设备是影响井室结构的主要因素，水泵的选择首先应满足供水时流量与扬程的要求，即根据井的出水量、静水位、动水位和井的构造（井源、井径）、给水系统布置方式等因素来决定。管井中常用的水泵有深井泵、潜水泵和卧式水泵。深井泵流量大，不受地下水位埋深的限制；潜水泵结构简单、质量轻、运转平稳、无噪声，在小流量管井中广泛应用；卧式水泵受其吸水高度的限制，一般用于地下水位埋深不大的情况。井室的形式，很大程度上取决于抽水设备，同时也要考虑气候、水源的卫生条件等。深井泵站的井室一般采用地上式，潜水泵和卧式泵的井室均为地下式。

（2）井管

井管也称井壁管，是为了保护井壁不受冲刷、防止不稳定岩层的塌落、隔绝水质不良的含水层而设的。由于受到地层及人工填砾的侧压力作用，故要求它应有足够的强度，并保持不弯曲，内壁平滑、圆整，以利于安装抽水设备和井的清洗、维修。井管可以是钢管铸铁管、钢筋混凝土管、石棉水泥管、塑料管等。一般情况下，钢管适用的井深范围不受限制，但随着井深的增加应相应增大壁厚。铸铁管一般适用于井深小于 250 m 的范围，它们均可用管箍、丝扣或法兰连接。钢筋混凝土管一般井深不得大于 150 m，常用管顶预埋钢板圈焊接连接。井管直径应按水泵类型、吸水管外形尺寸等确定。当采用深井泵或潜水泵时，井管内径应大于水泵井下部分最大外径 100 mm。

（3）过滤器

①过滤器的作用、组成

过滤器是管井的重要组成部分。它连接于井管，安装在含水层中，用以集水和保持填砾与含水层的稳定。它的构造、材质、施工安装质量对管井的出水量、含沙量和工作年限有很大影响，所以是管井构造的核心。对过滤器的基本要求是：具有较大的孔隙度和一定的直径，有足够的强度和抗蚀性，能保持人工填砾和含水层的稳定性，成本低廉。

过滤器主要由过滤骨架和过滤层组成。过滤骨架起支撑作用，在井壁稳定的基岩井中，也可直接用作过滤器。过滤层起过滤作用。

过滤骨架分为管型和钢筋型两种。管型按过滤骨架上的孔眼特征又分为圆孔及长条（缝隙）形两种。直接用作过滤器时，称其为圆孔过滤器、缝隙过滤器及钢筋过滤器。圆孔、缝隙过滤骨架可以是钢、铸铁、水泥、塑料或其他材料加工而成的。塑料过滤骨架具有抗蚀性强、质量轻、加工方便等优点，缺点是强度较低。骨架圆孔的直径一般为 10～15 mm；条形孔尺寸无统一规定，视孔壁的砂石粒径大小而定。钢筋型骨架是竖向钢筋和支撑环间隔排列焊接而成的管状物，一般仅用于不稳定的裂隙岩层，其优点是用料省、易加工、孔隙率大，但其抗压强度较低，不宜用于深度大于 200 m 的管井和侵蚀性较强的含水层。过滤骨架孔眼的大小、排列、间距，与管材强度、含水层的孔隙率及其粒径有关，使过滤器周围形成天然反滤层（反滤层是指在地下水取水构筑物进水处铺设的粒径沿水流方向由细到粗的级配砂砾层）。

②过滤器的分类

不同骨架和不同过滤层可组成各种过滤器。

A. 骨架过滤器：只由骨架组成，不带过滤层。仅用于井壁不稳定的基岩井，而较多地用作其他过滤器的支撑骨架。

B. 缠丝过滤器：其过滤层由密集程度不同的缠丝构成。如为管状骨架，则在垫条上缠丝；如为钢筋骨架，则直接在其上缠丝。缠丝为金属丝或塑料丝，一般采用直径 2～3 mm 的镀锌铁丝；在腐蚀性较强的地下水中宜用不锈钢等抗蚀性较好的金属丝。生产实践中还曾试用尼龙丝、增强塑料丝等强度高、抗蚀性强的非金属丝代替金属丝，取得较好的效果，而且其制作简单、经久耐用，适用于中砂及更粗颗粒的岩石与各类基岩。若岩石颗粒太细，要求缠丝间距太小，加工时有困难，此时可在缠丝过滤器外充以砾石。

C. 包网过滤器：由支撑骨架和滤网构成。为了发挥网的渗透性，须在骨架管上焊接纵向垫条，网再包于垫条外。网外再绕以稀疏的护丝（条），以防磨损，网材有铁、铜、不锈钢、塑料压模等。一般采用直径为 0.2～1 mm 的铜丝网，网眼大小也可根据含水层颗粒组成来确定。过滤器的微小铁丝，易被电化学反应腐蚀并堵塞，因此也有用不锈钢丝网或尼龙网取代的。与缠丝过滤器相同，包网过滤器适用于中沙、粗沙、砾石、卵石等含水层，但由于包网过滤器阻力大，易被细沙堵塞，易腐蚀，因而已逐渐为缠丝过滤器取代。

③过滤器的直径、长度

过滤器的直径影响井的出水量，因此它是管井结构设计的关键。过滤器直径的确定，是根据井的出水量选择水泵型号，按水泵安装要求确定的。一般要求安装水泵的井段内径应比水泵铭牌上标定的井管内径至少大 50 mm。

在生产实践中，通常采用内径 300 mm（外径 350 mm）的过滤器周围填入 100～150 mm 厚度的砾石层，由此过滤器可保持 600 mm 左右的外径。这对于一般施工条件来说是可以做到的，但对于农业灌溉井可以略小，对于大型企业和大城市供水井则可加大，甚至达 1000 mm。

④过滤器的安装部位

过滤器的安装部位影响管井的出水量及其他经济效益。因此，应安装在主要含水层的主要进水段；同时，还应考虑井内动水位深度。过滤器一般设在厚度较大的含水层中部，可将过滤管与井管间隔排列，在含水层中分段设置，以获得较好的出水效果。对多层承压含水层，应选择含水性最强的含水段安装过滤器。潜水含水层若岩性为均质，应在含水层底部的 1/3～1/2 厚度内安装过滤器。

（4）沉沙管

沉沙管位于井管的最下端，用以沉积涌入井内的沙粒，防止沉沙堵塞过滤器，长度一般不小于 2 m。如果含水层中多粉细沙，可适当加长。人工封闭物是为了防止地表污水、污物及水质不良地下水污染含水层而设置的隔离层，一般采用优质黏土，如果要求较高，也可选用水泥封闭。

2. 管井的施工

管井的施工建造一般包括钻凿井孔、井管安装、填砾和管外封闭、洗井、抽水试验等步骤，现介绍如下：

（1）钻凿井孔

钻凿井孔的方法主要有冲击钻进和回转钻进。

冲击钻进的基本原理是使钻头在井孔内上下往复运动，依靠钻头自重来冲击孔底岩层，使之破碎松动，再用抽筒捞出，如此反复，逐渐加深，形成井孔。冲击钻进依靠冲击钻机来实现，适用于松散的冲洪积地层。在钻进过程中，应采用清水、泥浆或套筒护壁，以防井壁坍塌。冲击钻进法效率低、速度慢，但机器设备简单、轻便。

回转钻进的基本原理是使钻头在一定的钻压下在孔底回转，以切削、研磨、破碎孔底岩层，并依靠循环冲洗系统将岩屑带上地面，如此循环钻进形成井孔。回转钻进依靠回转钻机来实现。回转钻进又分一般（正循环）回转钻进、反循环回转钻进及岩芯回转钻进。采用一般回转钻进时，泥浆泵从泥浆池吸取泥浆，经空心钻杆将泥浆送入井孔底部，与碎岩土混合后经由钻杆外围的井孔上升至井口并流入泥浆池，经沉淀去除岩土后泥浆循环使用。采用反循环回转钻进时，泥浆泵的吸入口与空心钻杆顶端相连，通过钻杆将井孔底部岩土泥浆混合液吸出并排入泥浆池，经沉淀去除岩土后从井口流入井孔。反循环式钻杆内的上升流速较大，可将较大粒径的岩土吸出井孔，但受到泥浆泵吸出高度的限制，钻杆的长度不能太长，钻进不能太深。岩芯回转钻进工作情况和一般回转钻进基本相同，只是所用的是岩芯钻头。岩芯钻头只将沿井壁的岩石粉碎，保留中间部分，因此效率较高，并能将岩芯取到地面供考察地层构造用。岩芯回转法适用于钻凿坚硬的岩层。

凿井方法的选择对降低管井造价、加快凿井进度、保证管井质量都有很大的影响，因此在实际工作中，应结合具体情况，选择适宜的凿井方法。

（2）井管安装

当钻进到预定深度后，即可进行井管安装。在安装井管以前，应根据从钻凿井孔时取得的地层资料，对管井构造设计进行核对、修正，如过滤器的长度和位置等。井管安装应在井孔凿成后及时进行，尤其是非套管施工的井孔，以防井孔坍塌。井管安装必须保证质量，如井管偏斜和弯曲，都将影响填砾质量和抽水设备的安装及正常运行。下管可采用直接提吊法、提吊加浮板（浮塞）法、钢丝绳托盘法、钻杆托盘法等。井管下完后，钻机仍须提吊部分重量，确实使井管上部固定于井口。

（3）填砾和管外封闭

填砾和管外封闭是紧接井管安装的一道工序。填砾规格、填砾方法及不良含水层的封闭、井口封闭等质量的优劣，都可能影响管井的水量和水质。

填砾首先要保证砾石的质量，应以坚实、圆滑砾石为主，并应按设计要求的粒径进行筛选和冲洗。填砾时，要随时测量砾面高度，以了解填入的砾料是否有堵塞现象。

井管外封闭一般用黏土球，球径为 25 mm 左右，用优质黏土制成，其湿度要适宜，要求下沉时黏土球不化解。当填至井口时应进行夯实。

（4）洗井

在凿井过程中，泥浆和岩屑不仅滞留在井周围的含水层中，而且还在井壁上形成一层泥浆壁。洗井就是要消除井孔及周围含水层中的泥浆和井壁上的泥浆壁，同时还要冲洗出含水层中部分细小颗粒，使井周围含水层形成天然反滤层，因此洗井是影响水井出水能力的重要工序。洗井工作要在上述工序完成之后立即进行，以防泥浆壁硬化，给洗井带来困难。洗井方法有活塞洗井、压缩空气洗井、水泵抽水（或压水）洗井、液态 CO_2 洗井、

酸化 CO_2 喷洗井等多种方法。以活塞洗井法为例，该法是用安装在钻杆上带有活门的活塞，在井壁管内上下拉动，使过滤器周围形成反复冲洗的水流，以破坏泥浆壁并清除含水层中残留泥浆和细小颗粒。当泥浆壁被破坏，出水变清，就可以结束洗井工作。

（5）抽水试验

抽水试验是管井建造的最后阶段，目的在于测定井的出水量，了解出水量与水位降落值的关系，为选择、安装抽水设备提供依据，同时采集水样进行分析，以评价井的水质。

抽水试验前应先测出静水位，抽水时还要实时测定与出水量相应的动水位。抽水试验的最大出水量一般应达到或超过设计出水量，如设备条件所限，也不应小于设计出水量的75%。抽水试验时，水位下降次数一般为三次，至少为两次。每次都应保持一定的水位降落值与出水量稳定延续时间。

抽水试验过程中，除认真观测和记录有关数据外，还应在现场及时进行资料整理工作，例如绘制出水量与水位降落值的关系曲线、水位和出水量与时间关系曲线以及水位恢复曲线等，以便发现问题，及时处理。

（二）大口井

大口井因其井径大而得名，它是开采浅层地下水的一种主要取水构筑物，成为我国除管井外的另一种应用比较广泛的地下水取水构筑物。小型大口井构造简单、施工简便易行、取材方便，故在农村及小城镇供水中广泛采用，在城市与工业的取水工程中则多用大型大口井。对于埋藏不深、地下水位较高的含水层，大口井与管井的单位出水能力的投资往往不差上下，这时取水构筑物类型的选择就不能单凭水文地质条件及开采条件，而应综合考虑其他因素。

大口井的优点是不存在腐蚀问题，进水条件较好，使用年限较长，对抽水设备形式限制不大，如有一定的场地且具备较好的施工技术条件，可考虑采用大口井。我国大口井的直径一般为 4~8 m，井深一般在 12 m 以内，很少超过 20 m。大口井大多采用不完整井形式，虽然施工条件较困难，但可以从井筒和井底同时进水，以扩大进水面积，而且当井筒进水孔被堵后，仍可保证一定的进水量。但是，大口井对地下水位变动适应能力很差，在不能保证施工质量的情况下会拖延工期、增加投资，亦易产生涌砂（管涌或流砂现象）、堵塞问题。在含铁量较高的含水层中，这类问题更加严重。

（三）复合井

复合井是由非完整大口井和井底下设管井过滤器组成。实际上，它是一个大口井和管井组合的分层或分段取水系统。它适用于地下水水位较高、厚度较大的含水层，能充分利用含水层的厚度，增加井的出水量。

（四）辐射井

辐射井是由集水井（垂直系统）及水平的或倾斜的进水管（水平系统）联合构成的一种井型，属于联合系统的范畴。因水平进水管是沿集水井半径方向铺设的辐射状渗入管，故称这种井为辐射井。由于扩大了进水面积，其单井出水量为各类地下水取水构筑物之首。高产的辐射井日产水量可达 10 万 m^3 以上。因此，辐射井也可作为旧井改造和增大出水量的措施。

辐射井是一种适应性较强的取水构筑物，一般不能用大口井开采的、厚度较薄的含水层，以及不能用渗渠开采的厚度薄、埋深较大的含水层，均可用辐射井开采。此外，辐射井还具有管理集中、占地省、便于卫生防护等优点。辐射井的缺点是施工难度较高，施工质量和施工技术水平直接影响出水量的大小。

（五）渗渠

渗渠是水平铺设在含水层中的穿孔渗水管渠。渗渠可分为集水管和集水廊道两种形式；同时也有完整式和非完整式之分。集水廊道造价高，很少采用。由于渗渠是水平铺设在含水层中，也称水平式取水构筑物。

渗渠主要是依靠较大的长度来增加出水量，因而埋深不宜大，一般为 4~7 m，很少超过 10 m。它适宜于开采埋深小于 2 m、含水层厚度小于 6 m 的浅层地下水。常平行埋设于河岸或河漫滩，用以集取河流下渗水或河床潜流水。

渗渠的优点是既可截取浅层地下水，也可集取河床地下水或地表渗水，渗渠水经过地层的渗滤作用，悬浮物和细菌含量少，硬度和矿化度低，兼有地表水与地下水的优点；渗渠可以满足北方山区季节性河段全年取水的要求，其缺点是施工条件复杂、造价高、易淤塞，常有早期报废的现象，应用受到限制。

渗水管渠常采用钢筋混凝土或混凝土管，也可采用浆砌石或装配式混凝土配件砌筑成城门洞形暗渠，小水量也可采用铸铁管和石棉水泥管。

集水井用以汇集管渠来水，安装水泵吸水管，同时兼有调节、蓄水和沉沙作用。

检查井设置在管渠末端、拐弯和断面改变处，直线段每隔 30~50 m 设一个检查井，便于清理、检修。检查井下部直径不小于 1 m，进口直径不小于 0.7 m。检查井和集水井都应做好卫生防护，防止地表污染物或地表水进入。

（六）坎儿井

坎儿井是我国新疆地区在缺乏把各山溪地表径流由戈壁长距离引入灌区的手段以及缺

乏提水机械的情况下，根据当地自然条件、水文地质特点，创造出用暗渠引取地下潜流，进行自流灌溉的一种特殊水利工程。

坎儿井按其成井的水文地质条件来划分，可分为三种类型：一是山前潜水补给型，此类坎儿井直接截取山体前侧渗出的地下水，集水段较短；二是山溪河流河谷潜水补给型，此类坎儿井集水段较长，出水量较大，在吐鲁番、哈密地区分布较广；三是平原浅水补给型，此类坎儿井分布在灌区内，水文地质条件差，出水量也较小。

（七）渗流井

渗流井是一种汲取河流渗漏补给量的新技术，是利用天然河床砂砾石层的净化作用，将河水转化为地下水，以获得水资源的取水工程。

1. 渗流井的结构

渗流井由竖井、平巷、硐室和辐射孔（渗流孔）四部分组成，是一种结构较为复杂的地下水取水建筑物。每个渗流井视具体情况一般包含若干个硐室，在各硐室的顶部及侧面一般向上或侧上方向上施工若干辐射孔，辐射孔伸入河谷区的主要含水段内；硐室间距约50 m，硐室之间通过平巷连接，平巷断面尺寸一般为 2 m×2.5 m；整个平巷—硐室—辐射孔结构体系位于河床之下的地层之中，而竖井则位于河岸边，竖井一般净径 3~5 m，通过平巷与该结构体系相连，竖井即为渗流井的取水点。

2. 渗流井的井流特征

渗流井工作时，在"井—含水层"系统中为多种流态并存。在含水层介质中地下水流动形态一般为低雷诺数的层流，其中渗流的水头损失与渗流速度呈线性关系，符合达西定律。而在"平巷—硐室—辐射管"（"井管"）中，其水力半径较大，水流的雷诺数一般较大，因而其中的水流一般为紊流。水流的水头损失与平均流速间的关系可能为 1 次方（层流区）、1.75 次方（光滑紊流区）或 2 次方（紊流区）。

在抽水初期时，渗流井取水量主要由"井—含水层"系统中储存量的减少量组成。当"井—含水层"系统中的水头低于河流水位时，河流开始渗漏补给地下水，随着抽水时间的延续，河流渗漏补给量在渗流井取水量中占的比重逐渐增加；当抽水强度不太大、渗流井工作能达到稳定状态时，渗流井取水量全部由河流渗漏补给量组成（不考虑渗流井对地下水侧向径流量的截取）。在整个"井—含水层"系统中，地下水由渗流井周围向渗流井径流，水流具有显著的三维流特征，由于在"井管"中有水的流动，存在水头损失，则这些部位不是等水头边界条件；同时由于渗流井的出口在竖井处，这里水头最低，且在辐射孔、平巷、硐室内也不是等强度分布，其水力条件复杂。

渗流井的优点是既可以充分截取地下水的潜流，激发地表水的补给，又不用增设人工滤层，而且水质好，维护方便，运行成本低；采用天然滤床渗流井开采地下水不会产生大面积"降落漏斗"。

三、地下水水源地的选择

地下水资源的开发利用首先要选择好合适的地下水水源地，因为水源地位置选择的正确与否，不仅关系到对水源地建设的投资，而且关系到是否能保证其长期经济和安全的运转，以及避免由此产生各种不良的地质环境问题。对于大中型集中供水方式，水源地选择的关键是确定取水地段的位置与范围；对于小型分散供水方式，则是确定水井的井位。

（一）集中式供水水源地的选择

在选择集中供水水源地的位置时，既要充分考虑其能否满足长期持续稳定开采的需水要求，也要考虑其地质环境和利用条件。

1. 水源地的水文地质条件

取水地段含水层的富水性与补给条件，是地下水水源地的首选条件。首先从富水性角度考虑，水源地应选在含水层透水性强、厚度大、层数多、分布面积广的地段上。例如，冲洪积扇中、上游的砂砾石带和轴部；河流的冲积阶地和高漫滩；冲积平原的古河床；裂隙或岩溶发育、厚度较大的层状或似层状基岩含水层；规模较大的含水断裂构造及其他脉状基岩含水带。在此基础上，进一步考虑其补给条件。取水地段应有良好的汇水条件，可以最大限度地拦截、汇集区域地下径流，或接近地下水的集中补给、排泄区。例如，区域性阻水界面的迎水一侧；基岩蓄水构造的背斜倾末端、浅埋向斜的核部；松散岩层分布区的沿河岸边地段；岩溶地区和地下水主径流带；毗邻排泄区上游的汇水地段等。

2. 水源地的环境影响因素

新建水源地应远离原有的取水点或排水点，减少相互干扰。为保证地下水的水质，水源地应选在远离城市或工矿排污区的上游；远离已污染（或天然水质不良）的地表水体或含水层的地段；避开易于使水井淤塞、涌沙或水质长期浑浊的沉沙层和岩溶充填带；在滨海地区，应考虑海水入侵对水质的不良影响；为减少垂向污水入渗的可能性，最好选在含水层上部有稳定隔水层分布的地段。此外，水源地应选在不易引发地面沉降、塌陷、地裂等有害地质作用的地段。

3. 水源地的经济、安全性和扩建前景

在满足水量、水质要求的前提下，为节省建设投资，水源地应靠近用户，少占耕地；

为降低取水成本，应选在地下水浅埋或自流地段；河谷水源地要考虑水井的淹没问题；人工开挖的大口井取水工程，要考虑井壁的稳固性。当有多个水源地方案可供比较时，未来扩大开采的前景条件，也是必须考虑的因素之一。在这种情况下，如果不适宜选择集中式供水方式，可以考虑选择小型分散式水源地。

（二）小型分散式水源地的选择

集中式供水水源地的选择原则，对于基岩山区裂隙水小型水源地的选择也是适合的。但在基岩山区，由于地下水分布极不均匀，水井布置还要取决于强含水裂隙带及强岩溶发育带的分布位置。此外，布井地段的地下水水位埋深及上游有无较大的汇水补给面积，也是必须考虑的条件。在这种情况下，如果不适宜选择集中式供水方式，可以考虑选择小型分散式水源地。

第三节 水资源可持续利用

一、水资源可持续利用的概念和内涵

（一）可持续发展理论

1. 可持续发展的提出

随着科学技术的进步和社会生产力的飞速发展，人类创造了前所未有的物质财富，并加速推进了人类文明发展的进程。与此同时，也出现了人口过快增长、资源过度消耗、生态环境质量严重下降等问题，使自然界生命支撑系统承受越来越大的压力。在这种严峻形势下，人类不得不重新反思自己的发展历程，重新审视自己的社会经济行为。人们终于认识到：高消耗、高污染、先污染后治理的传统发展模式已不再适应当今和未来发展需要，必须寻找一条社会、经济、资源、环境相协调的可持续发展道路。

2. 可持续发展的概念

"可持续发展"这一术语在世界范围内逐步得到认同并成为大众媒介使用频率最高的词汇之一。它很快拓广到一些学科，对可持续发展的研究机构也如同雨后春笋般发展起来。与此同时，学术界对可持续发展的不同定义和解释也纷纷出现。

（二）水资源可持续利用的内涵

可持续发展是以人为本，以资源环境保护为条件，以经济社会发展为手段，谋求当代人和后代人的共同繁荣、持续发展。据此，水资源可持续利用的概念是：在维持水资源的持续性和生态系统整体性的条件下，支持不同地区人口、资源、环境与经济社会的协调发展，满足代内与代际人生存与发展的用水需要。

根据水资源可持续利用的概念，其内涵主要包括以下五方面：

第一，水资源可持续利用发展模式和途径与传统水利发展途径和对水的传统利用方式有本质性的区别。传统的水资源开发利用方式是经济增长模式下的产物，其特点是：只顾眼前，不顾未来；只顾当代，不顾后代；只重视经济基础价值，不管生态环境价值和社会价值。因此，造成了世界性的生态环境恶化，严重威胁人类的生存与发展。

第二，水资源可持续开发利用是在人口、资源、环境和经济协调发展战略下进行的，这就意味着水资源开发利用是在保护生态环境的同时，促进经济增长和社会繁荣，避免单纯追求经济效益的弊端，保证可持续发展顺利进行。

第三，水资源可持续利用目标明确指出要满足世世代代人类用水需求，这就体现了代内与代际之间的平等，人类共享资源、环境和经济、社会效益的公平原则。

第四，水资源可持续利用的实施，应遵循生态经济学原理和整体、协调、循环与优化的思路，应用系统方法和高新技术，实现社会公平和高效发展。

第五，建设节约型社会是水资源可持续利用的出发点和落脚点，也是解决我国水资源短缺的最佳途径。合理用水、节约用水和污水资源化是开辟新水源和缓解供需矛盾的捷径，也是水资源可持续利用的必然之路和最佳选择。

（三）水资源可持续利用的原则

水资源作为自然资源的重要组成部分之一，其可持续利用是促进可持续发展的基本资源保证。在水资源可持续利用的过程中，应遵循以下原则和衡量标准：

1. 区域公平原则

水资源开发利用涉及上下游、左右岸不同的利益群体，各利益群体间应公平合理地共享水资源。这些利益群体既可能包括国与国的关系，也可能包括省与省、市与市之间的关系。区域公平性原则被上升为国家间的主权原则，即各国拥有按其本国的环境与发展政策开发本国自然资源的主权，并负有确保在其管辖范围内或在其控制下的活动不致损害其他国或在各国管辖范围以外地区的环境的责任。显然，国际河流和国际水体的开发应在此原则的基础上进行。而一个主权国家范围之内的流域水资源开发，则应在考虑流域整体利益的基础上，充分考虑沿河各利益群体的发展需求。

2. 代际公平原则

水资源可持续利用的代际公平是从时间尺度衡量资源共享的公平性。虽然水资源是可更新的，但水资源遭到污染和破坏后其可持续利用就不可能维系。因此，不仅要为当代人追求美好生活提供必要的水资源保证，从伦理上讲，未来各代人也应与当代人有同样的权利提出对水资源与水环境的正当要求。可持续发展要求当代人在考虑自己的需求与消费时，也要为未来各代人的要求与消费负起历史的与道义的责任。

3. 需求管理原则

传统的水资源开发利用是从供给发展角度考虑的，认为需水的增长是合理的且是不可改变的。传统的水利发展和所有的管理工作是努力寻找和开发新的水源、贮水、输水和水处理工程，直到需水得到满足，或由于资金不足，或由于技术上不可行才停止。需求管理原则并不排斥人们为了追求高标准生活质量对水的需求，更重要的是这种需求应在环境与发展的总框架下进行。因此，在水资源可持续利用中应摒弃传统水利的工程导向，从水资源合理利用的角度，通过各种有效的手段提出更合乎需要的用水水平和方式。

4. 可持续利用原则

水资源可持续利用的出发点和根本目的就是要保证水资源的永续、合理和健康的使用。一切与水有关的开发、利用、治理、配置、节约、保护都是为了使水资源在促进社会、经济和环境发展中发挥应有的作用。水资源和水生态环境是资源和环境系统中最活跃和最关键的因素，是人类生存和持续发展的首要条件。可持续发展要求人们根据可持续性的条件调整自己的生活方式，在不破坏生态环境的范围内确定自己的消耗标准。

二、水资源可持续利用评价

水资源可持续利用评价是，以区域自然环境、经济社会发展相互作用关系为基础，对不同阶段水资源开发利用所导致的生态过程、经济结构、社会组成的动态变化进行评价，揭示区域水资源可持续利用的程度，提出水资源开发利用的方向。它是一个具有方向性的评判过程。其方法是，通过对区域水资源影响因素和供需情况的分析，建立相应的评判指标体系及等级评价模型，将众多的评价指标转化为单个综合指标，进而判断区域水资源可持续利用的程度。

（一）水资源可持续利用指标体系的构建

1. 水资源可持续利用的影响因素

根据可持续发展影响因素分析，水资源可持续利用的影响因素可归纳为如下八方面：

（1）极限需水量（C1）

极限需水量指在一定的时空尺度、经济技术水平和生态环境保护目标下，社会经济、环境发展所需求的最小需水量，其计算式为：

$$需水量 = 农业需水 + 工业需水 + 城市需水 + 生态与环境需水$$

（2）水资源储量的有限性（C2）

水资源是在天然水循环系统中形成的一种动态资源，总是处在不断的开采、补给、消耗和恢复循环中，某一时期，如果消耗水量超过该时期的水量补给量，则会造成一系列不良的环境问题。因此，水循环过程是无限的，水资源的储量是有限的。

（3）水资源承载力（C3）

水资源承载力即在未来的时间尺度上，一定的生产条件下，在保证正常的社会文化准则和物质生活水平下，在一定区域用直接或间接方式表现的资源所能持续供养的人口数量，表明了在某一历史发展阶段水资源可能达到的最大承载能力。

（4）水环境容量（C4）

在水环境容量对污染物自净同化能力允许的范围之内，通过合理的开发利用方式，有效地提高水环境承载力对人类各种生产活动的支持程度，最终使之产生最佳的社会与环境综合效益。

（5）社会制度和经济发展（C5）

一定的社会制度、政治制度都会影响对水资源可持续性的接受。经济发展的速度决定了水资源的消耗对水环境的影响。

（6）伦理价值（C6）

一定社会的文化价值、伦理标准影响水资源的公平分配。

（7）水资源工程管理体制（C7）

水资源工程是为可持续发展提供供水的设施，工程的好坏和管理体制直接影响着水资源系统的供水。

（8）科学技术（C8）

随着科学技术的进步，通过节约用水，提高工程的安全保障和水的利用率，减少环境污染，进而提高水资源的可持续性。

水资源可持续利用由于受到上述因素约束，其可持续利用空间等于上述八种约束因素的交集空间，即：

$$水资源可持续利用空间 = C1 \cap C2 \cap C3 \cap C4 \cap C5 \cap C6 \cap C7 \cap C8$$

2. 水资源可持续利用指标体系的建立

水资源可持续发展以经济的可持续发展为前提，以社会的可持续发展为目标，以生态环境和水资源的可持续利用为基础，因此应从水资源、社会经济以及生态环境这三个子系统之间的物质流量和相互影响入手构建水资源可持续利用评价指标体系。根据水资源可持续利用的影响因素，将水资源可持续利用的评价指标分为由目标层、准则层、约束层和指标层构成的层次体系，其中目标层由准则层反映，准则层由约束层描述，约束层再细化为具体的指标层加以体现。

目标层设立"水资源可持续利用程度"，它是水资源系统发展水平与经济、社会、环境协调程度的体现，综合反映水资源可持续利用程度；准则层设立"水资源开发利用""社会经济"和"生态环境"三方面，充分考虑了水资源、社会经济和生态环境对水资源可持续利用的影响。

3. 水资源可持续利用指标的评价标准

为了定量表达水资源可持续利用状态，将其划分为高（Ⅰ级）、较高（Ⅱ级）、中（Ⅲ级）、较低（Ⅳ级）、低（Ⅴ级）五个级别，单项指标标准值也按此级别分别确定。Ⅰ级对水资源可持续利用非常有利，表明水资源开发利用还有很大潜力可以挖掘；Ⅴ级对水资源可持续利用非常不利，表明水资源开发利用已经接近极限，需要寻找新的水源或进一步提高用水效率及强化节水；其他级别则属中间状态。水资源可持续利用指标的评价标准是评价的准绳，但目前国内外还没有公认的可持续利用标准和方法。

（二）水资源可持续利用评价模型

1. 指标权重的确定

权重是以某种数量形式对比、权衡被评价事物总体中诸因素相对重要程度的量值。它既是决策者的主观评价，又是指标本身物理属性的客观反映，是主客观综合度量的结果。权重主要取决于两方面：一是指标本身在决策中的作用和指标价值的可靠程度；二是决策者对该指标的重视程度。指标权重的合理与否在很大程度上影响综合评价的正确性和科学性。

目前，确定指标权重的方法大致分为三类，即主观赋权法、客观赋权法和组合赋权法。主观赋权法，根据决策者（专家）对指标的重视程度来确定指标权重，其权重数据主要根据经验和主观判断给出，如层次分析法（AHP）、二元对比法和专家调查法（Delphi法）等。客观赋权法，其权重数据由各指标在被评价过程中的实际数据处理产生，如主成分分析法、熵权法和多目标规划法等。这两类方法各有其优缺点，主观赋权法的各项指标权值由专家根据个人的经验和判断主观给出，实施简便易行但易受主观因素影响，具有较大的主观性、随意性；客观赋权法的主观性较小，但所得权值受参加评价的样本制约，有时不同的样本集得出的评价结果差别较大，并且不同的计算方法在同一组数据下得到的结果也不尽相同。因此，融合主、客观权重的组合赋权法随之产生。组合赋权法，其权重数据由主客观权重有机结合，既能体现人的经验判断，又能体现指标的客观特性。组合赋权法主要有乘法组合权重法、加法组合权重法、线性加权法和多属性决策赋权法等。

2. 评价方法

目前，水资源可持续利用的评价方法主要包括：第一，定性分析法；第二，系统评价法；第三，综合评价方法，包括主成分分析法和因子分析法；第四，协调度法；第五，模糊综合评价法；第六，灰色聚类评价法。其中，模糊综合评价法是模糊数学所提供的解决模糊现象的评估问题的一种数学模型。

三、水资源可持续利用措施

影响区域水资源可持续利用的因素很多，提高水资源可持续利用的措施也就应有针对性。因此，确定影响一个区域水资源可持续利用的主要指标，针对这些指标采取应对策略。在此，针对我国水资源利用的现状提出水资源可持续利用的措施。

（一）实施最严格的水资源管理制度

实施最严格水资源管理制度的方针，即用水总量控制制度、用水效率控制制度和水功能区限制纳污制度。要实现水资源可持续利用，必须严格贯彻执行此项制度。

1. 严格用水总量控制

（1）严格规划管理和水资源论证

开发利用水资源，应当符合主体功能区的要求，按照流域和区域统一制订规划，充分发挥水资源的多种功能和综合效益。建设水工程，必须符合流域综合规划和防洪规划，由有关水行政主管部门或流域管理机构按照管理权限进行审查并签署意见。加强相关规划和项目建设布局水资源论证工作。国民经济和社会发展规划以及城市总体规划的编制、重大建设项目的布局，应当与当地水资源条件和防洪要求相适应。严格执行建设项目水资源论证制度，对未依法完成水资源论证工作的建设项目，审批机关不予批准。

（2）严格控制流域和区域取用水总量

加快制订主要江河流域水量分配方案，建立覆盖流域和省、市、县三级行政区域的取用水总量控制指标体系，实施流域和区域取用水总量控制。各地要按照江河流域水量分配方案或取用水总量控制指标，制订年度用水计划，依法对本行政区域内的年度用水实行总量管理。建立健全水权制度，积极培育水市场，鼓励开展水权交易，运用市场机制合理配置水资源。

（3）严格实施取水许可和水资源有偿使用

严格规范取水许可审批管理，对取用水总量已达到或超过控制指标的地区，暂停审批建设项目新增取水；对取用水总量接近控制指标的地区，限制审批建设项目新增取水。合理调整水资源费征收标准，扩大征收范围，严格水资源费征收、使用和管理。完善水资源费征收、使用和管理的规章制度，严格按照规定的征收范围、对象、标准和程序征收，并合理地将水资源费用于水资源节约、保护和管理中。

（4）严格地下水管理和保护

加强地下水动态监测，实行地下水取用水总量控制和水位控制。要核定并公布地下水禁采和限采范围。在地下水超采区，禁止农业、工业建设项目和服务业新增取用地下水，并逐步削减超采量，实现地下水采补平衡。深层承压地下水原则上只能作为应急和战略储备水源。依法规范机井建设审批管理。

2. 严格用水效率控制

加强用水效率控制的主要措施包括以下三方面：

（1）全面加强节约用水管理

各级政府要切实履行推进节水型社会建设的责任，把节约用水贯穿经济社会发展和群众生活生产全过程，建立健全有利于节约用水的体制和机制。稳步推进水价改革各项引水、调水、取水、供用水工程建设必须首先考虑节水要求。水资源短缺、生态脆弱地区要严格控制城市规模过度扩张，限制高耗水工业项目建设和高耗水服务业发展，遏制农业粗放用水。

（2）强化用水定额管理

加快制定高耗水工业和服务业用水定额国家标准。要根据用水效率控制红线确定的目标，及时组织修订各行业用水定额。对纳入取水许可管理的单位和其他用水大户实行计划用水管理，强化用水监控管理。新建、扩建和改建建设项目应制订节水措施方案，保证节水设施与主体工程的"三同时"制度（同时设计、同时施工、同时投产）。

（3）加快推进节水技术改造

加大农业节水力度，完善和落实节水灌溉的产业支持、技术服务、财政补贴等政策措施，大力发展管道输水、喷灌、微灌等高效节水灌溉。加大工业节水技术改造，建设工业节水示范工程；充分考虑不同工业行业和工业企业的用水状况和节水潜力，合理确定节水目标。加大城市生活节水工作力度，大力推广使用生活节水器具，着力降低供水管网漏损率。鼓励并积极发展污水处理回用、雨水和微咸水开发利用、海水淡化和直接利用等非常规水源开发利用。将非常规水源开发利用纳入水资源统一配置。

3. 严格实行水功能区限制纳污

针对水质污染严重的局面，国家提出了水资源保护的目标，确立水功能区限制纳污红线。将主要污染物入河湖总量控制在水功能区纳污能力范围之内，水功能区水质达标率提高到95%以上。为实现这个目标，必须采取以下严格措施：

（1）严格水功能区监督管理

完善水功能区监督管理制度，建立水功能区水质达标评价体系，加强水功能区动态监测和科学管理。从严核定水域纳污容量，严格控制入河湖排污总量。切实加强水污染防控，加强工业污染源控制，加大主要污染物减排力度，提高城市污水处理率，改善重点流域水环境质量，防治江河湖库富营养化。严格入河湖排污口监督管理，对排污量超出水功能区限排总量的地区，限制审批新增取水和入河湖排污口。

（2）加强饮用水水源保护

要依法划定饮用水水源保护区，开展重要饮用水水源地安全保障达标建设。禁止在饮用水水源保护区内设置排污口，对已设置的，政府部门应责令限期拆除。加强水土流失治理，防治面源污染，禁止破坏水源涵养林。强化饮用水水源应急管理，完善饮用水源地突发事件应急预案，建立备用水源。

（3）推进水生态系统保护与修复

开发利用水资源应维持河流合理流量和湖泊、水库以及地下水的合理水位，充分考虑基本生态用水需求，维护河湖健康生态。加强重要生态保护区、水源涵养区、江河源头区和湿地的保护，开展内源污染整治，推进生态脆弱河流和地区水生态修复。定期开展全国重要河湖健康评估，建立健全水生态补偿机制。

（二）强化水资源统一调度，提高防洪抗旱能力

1. 强化水资源统一调度，优化水资源配置格局

流域管理机构和地方人民政府水行政主管部门要依法制订和完善水资源调度方案、应

急调度预案和调度计划，对水资源实行统一调度。区域水资源调度应当服从流域水资源统一调度，水力发电、供水、航运等调度应当服从流域水资源统一调度。从"需求管理"的原则出发，优化水资源战略配置格局，在保护生态前提下，加快建设一批骨干水源工程和河湖水系连通工程，提高水资源调控水平和供水保障能力，增加水资源可利用量，实现洪水资源化。

2. 加快河流综合治理

大江大河的防洪安全是水资源可持续利用的基础，故须提高大江大河的防洪标准，其主要措施包括：建设流域防洪控制性水利枢纽，提高调蓄洪水的能力；加快城市防洪排涝工程建设，提高城市排洪标准；推进海堤建设和跨界河流整治。加快中小河流治理是完善防洪减灾体系的迫切需要，故须从完善我国江河防洪体系、确保防洪安全的高度，加快中小河流治理，提高防洪能力，保障人民群众生命财产安全和经济社会可持续发展。

3. 提高防汛抗旱应急能力

健全防洪抗旱统一指挥、分级负责、部门协作、反应迅速、协调有序、运转高效的应急管理机制。加强监测预警能力建设，整合资源，提高雨情汛情旱情预报水平。建立专业化与社会化相结合的应急抢险救援队伍，健全应急抢险物资储备体系，完善应急预案。建立一批规模合理、标准适度的抗旱应急水源工程，建立应对特大干旱和突发水安全事件的水源储备制度。

（三）加强水资源管理的保障措施

1. 健全政策法规和社会监督机制

要完善水资源配置、节约、保护和管理等方面的政策法规体系，健全水资源执法机构和队伍。广泛深入开展基本水情宣传教育，强化社会舆论监督，进一步增强全社会水忧患意识和水资源节约保护意识，形成节约用水、合理用水的良好风尚。大力推进水资源管理科学决策和民主决策，完善公众参与机制，采取多种方式听取各方面意见，进一步提高决策透明度。对在水资源节约、保护和管理中取得显著成绩的单位和个人给予表彰奖励。

2. 建立水资源管理责任和考核制度

要将水资源开发、利用、节约和保护的主要指标纳入地方经济社会发展综合评价体系，地方人民政府主要负责人对本行政区域水资源管理和保护工作负总责。国务院对各省、自治区、直辖市的主要指标落实情况进行考核，水利部会同有关部门具体组织实施，考核结果作为地方人民政府相关领导干部和相关企业负责人综合考核评价的重要依据。有关部门要加强沟通协调，水行政主管部门负责实施水资源的统一监督管理，发展改革、财政、国土资源、环境保护、监察、法制等部门按照职责分工，各司其职，密切配合，形成合力，共同做好水资源管理工作。

3. 完善水资源管理体制

要进一步完善流域管理与行政区域管理相结合的水资源管理体制，切实加强流域水量与水质、地表水与地下水、供水与排水等的统一规划、统一管理和统一调度。强化城乡水资源统一管理，对城乡供水、水资源综合利用、水环境治理和防洪排涝等实行统筹规划、协调实施，促进水资源优化配置。

4. 完善水资源管理投入机制

要拓宽投资渠道，建立长效、稳定的水资源管理投入机制，保障水资源节约、保护和管理工作经费，对水资源管理系统建设、节水技术推广与应用、地下水超采区治理、水生态系统保护与修复等给予重点支持。中央和地方财政应加大对水资源节约、保护和管理的支持力度。

参考文献

［1］ 赵静，盖海英．水利工程施工与生态环境［M］．长春：吉林科学技术出版社，2021．

［2］ 曹刚，刘应雷．现代水利工程施工与管理研究［M］．长春：吉林科学技术出版社，2021．

［3］ 张长忠，邓会杰．水利工程建设与水利工程管理研究［M］．长春：吉林科学技术出版社，2021．

［4］ 吕翠美，凌敏华．水利工程经济与管理［M］．北京：中国水利水电出版社，2021．

［5］ 魏永强．现代水利工程项目管理［M］．长春：吉林科学技术出版社，2021．

［6］ 杜辉，张玉宾．水利工程建设项目管理［M］．延吉：延边大学出版社有限责任公司，2021．

［7］ 张友明．水利工程维修项目管理［M］．南京：河海大学出版社，2021．

［8］ 贺志贞，黄建明．水利工程建设与项目管理新探［M］．长春：吉林科学技术出版社，2021．

［9］ 贾志胜，姚洪林，张修远主编．水利工程建设项目管理［M］．长春：吉林科学技术出版社，2020．

［10］ 谢文鹏，苗兴皓．水利工程施工新技术［M］．北京：中国建材工业出版社，2020．

［11］ 赵永前．水利工程施工质量控制与安全管理［M］．郑州：黄河水利出版社，2020．

［12］ 闫文涛，张海东．水利水电工程施工与项目管理［M］．长春：吉林科学技术出版社，2020．

［13］ 刘志强，季耀波．水利水电建设项目环境保护与水土保持管理［M］．昆明：云南大学出版社，2020．

［14］ 张永昌，谢虹．基于生态环境的水利工程施工与创新管理［M］．郑州：黄河水利出版社，2020．

［15］ 张云鹏，戚立强．水利工程地基处理［M］．北京：中国建材工业出版社，2019．

［16］ 孙玉玥，姬志军．水利工程规划与设计［M］．长春：吉林科学技术出版社，2019．

［17］ 刘春艳，郭涛．水利工程与财务管理［M］．北京：北京理工大学出版社，2019．

［18］刘贞姬，金瑾．现代水利工程治理研究［M］．北京：中国原子能出版社，2019.

［19］高喜永，段玉洁．水利工程施工技术与管理［M］．长春：吉林科学技术出版社，2019.

［20］姬志军，邓世顺．水利工程与施工管理［M］．哈尔滨：哈尔滨地图出版社，2019.

［21］刘景才，赵晓光．水资源开发与水利工程建设［M］．长春：吉林科学技术出版社，2019.

［22］牛广伟．水利工程施工技术与管理技术实践［M］．北京：现代出版社，2019.

［23］贺芳丁，刘荣钊．水利工程施工设计优化研究［M］．长春：吉林科学技术出版社，2019.

［24］姬志军，邓世顺．水利工程与施工管理［M］．哈尔滨：哈尔滨地图出版社，2019.

［25］袁俊周，郭磊．水利水电工程与管理研究［M］．郑州：黄河水利出版社，2019.

［26］袁云．水利建设与项目管理研究［M］．沈阳：辽宁大学出版社，2019.

［27］王海雷，王力．水利工程管理与施工技术［M］．北京：九州出版社，2018.

［28］李文婷，朱丽巍．水利工程测量技术研究［M］．汕头：汕头大学出版社，2018.

［29］赵宇飞，祝云宪．水利工程建设管理信息化技术应用［M］．北京：中国水利水电出版社，2018.

［30］胡德秀，杨杰．水利工程风险与管理［M］．北京：科学出版社，2017.

［31］左其亭，王树谦．水资源利用与管理［M］．第2版．郑州：黄河水利出版社，2016.

［32］李广贺，张旭．水资源利用与保护［M］．第3版．北京：中国建筑工业出版社，2016.